总主编　林家阳

PRINTING PROCESS

印刷工艺

张洪海　编著

中国轻工业出版社

图书在版编目（CIP）数据

印刷工艺 / 张洪海编著. —北京：中国轻工业出版社，2024.8

ISBN 978-7-5184-1913-5

Ⅰ.①印… Ⅱ.①张… Ⅲ.①印刷—生产工艺—高等学校—教材 Ⅳ.①TS805

中国版本图书馆CIP数据核字（2018）第057100号

责任编辑：毛旭林　　责任终审：劳国强　　整体设计：锋尚设计
策划编辑：毛旭林　　责任校对：晋　洁　　责任监印：张　可

出版发行：中国轻工业出版社（北京鲁谷东街5号，邮编：100040）
印　　刷：艺堂印刷（天津）有限公司
经　　销：各地新华书店
版　　次：2024年8月第1版第7次印刷
开　　本：870×1140　1/16　印张：8
字　　数：200千字
书　　号：ISBN 978-7-5184-1913-5　定价：58.00元
邮购电话：010-85119873
发行电话：010-85119832　010-85119912
网　　址：http://www.chlip.com.cn
Email：club@chlip.com.cn

241228J2C107ZBW

序一

PROLOG 1

中国的艺术设计教育起步于20世纪50年代，改革开放以后，特别是90年代进入一个高速发展的阶段。由于学科历史短，基础弱，艺术设计的教学方法与课程体系受苏联美术教育模式与欧美国家20世纪初形成的课程模式影响，呈现专业划分过细，实践教学比重过低的状态，在培养学生的综合能力、实践能力、创新能力等方面出现较多问题。

随着经济和文化的大发展，社会对于艺术设计专业人才的需求量越来越大，市场对艺术设计人才教育质量的要求也越来越高。为了应对这种变化，教育部将“艺术设计”由原来的二级学科调整为“设计学”一级学科，既体现了对设计教育的重视，也是进一步促进设计教育紧密服务于国民经济发展的必要。因此，教育部高等学校设计学类专业教学指导委员会也在这方面做了很多工作，其中重要的一项就是支持教材建设工作。

在教育部全面推动普通本科院校向应用型本科院校转型工作的大背景下，由设计学类专业教指委副主任林家阳教授任总主编的这套教材，在强调应用型教育教学模式、开展实践和创新教学，整合专业教学资源、创新人才培养模式等方面做了大量的研究和探索；一改传统的“重学轻术”“重理论轻应用”的教材编写模式，以“学术兼顾”“理论为基础、应用为根本”为编写原则，从高等教育适应和服务经济新常态，助力创新创业、产业转型和国家一系列重大经济战略实施的角度和高度来拟定选题、创新体例、审定内容，可以说是近年来高等院校艺术设计专业教材建设的力度之作。

设计是一门实用艺术，检验设计教育的标准是培养出来的艺术设计专业人才是否既具备深厚的艺术造诣，实践能力，同时又有优秀的艺术创造力和想象力，这也正是本套教材出版的目的。我相信在应用型本科院校的转型过程中，本套教材能对学生奠定学科基础知识、确立专业发展方向、树立专业价值观念、提升专业实践能力产生有益的引导和切实的借鉴，帮助他们在以后的专业道路上走得更长远，为中国未来的设计教育和设计专业的发展提供新的助力。

教育部高等学校设计学类专业教学指导委员会原主任

中国艺术研究院 教授 / 博导 谭平

序二

PROLOG 2

办学，能否培养出有用的设计人才，能否为社会输送优秀的设计人才，取决于三个方面的因素：首先是要有先进、开放、创新的办学理念和办学思想；其二是要有一批具有崇高志向、远大理想和坚实的知识基础，并兼具毅力和决心的学子；最重要的是我们要有一大批实践经验丰富、专业阅历深厚、理论和实践并举、富有责任心的教师，只有老师有用，才能培养有用的学生。

除了以上三个因素之外，还有一点也非常关键，不可忽略的，我们还要有连接师生、连接教学的纽带——兼具知识性和实践性的课程教材。课程是学生获取知识能力的宝库，而教材既是课程教学的“魔杖”，也是理论和实践教学的“词典”。“魔杖”通过得当的方法传授知识，让获得知识的学生产生无穷的智慧，使学生成为文化创意产业的有生力量。这就要求教材本身具有创新意识。本套教材从设计理论、设计基础、视觉设计、产品设计、环境艺术、工艺美术、数字媒体和动画设计等八个方面设置的 50 本系列教材，在遵循各自专业教学规律的基础上做了不同程度的探索和创新。我们也希望在有限的纸质媒体基础上做好知识的扩充和延伸，通过本套教材中的案例欣赏、参考书目和网站资料等，起到一部专业设计“词典”的作用。

我们约请了国内外大师级的学者顾问团队、国内具有影响力的学术专家团队和国内具有代表性的各类院校领导和骨干教师组成的编委团队。他们中有很多人已经为本系列教材的诞生提出了很多具有建设性的意见，并给予了很多有益的指导。我相信以我们所具有的国际化教育视野以及我们对中国设计教育的责任感，能让我们充分运用这一套一流的教材，为培养中国未来的设计师奠定良好的基础。

教育部高等学校设计学类专业教学指导委员会副主任
教育部职业院校艺术设计学类专业教学指导委员会原主任
同济大学教授 / 博导 林家阳

前言
FOREWORD

印刷工艺是视觉传达设计专业的必修课程，本科院校通常安排在二年级下学期或者三年级上学期，即在学生开始进入各门专业设计课程之前。这是因为视觉传达设计是在平面设计的基础上进化而来的，与平面设计存在着千丝万缕的关系。而印刷是平面设计的主要生产方式，平面设计是通过印刷媒介实现其作品的传达功能。不夸张地说，平面设计的发展，是始终伴随着印刷技术的发展而不断演变的。从雕刻版、活字版的全手工印刷到金属印版的机械化印刷，从激光照排、电子成像的全自动操作到数字化智能程控管理的无版印刷，每一次印刷技术的革新都对平面设计产生了重大的影响。所以，熟悉基本的印刷原理、工艺和流程，了解各类常见印刷品的生产制作方式，掌握印前电子文件的制作技能，是视觉传达设计专业的学生必须具备的理论和实践基础。

本教材将专业课程作为立德树人的重要载体，理论和实践相结合，坚持弘扬社会主义核心价值观，强化中华优秀传统文化、革命文化、社会主义先进文化教育，围绕课程目标，精选教学素材，丰富教学资源，强化实践体验，完善评价机制。第一章首先简要介绍了印刷技术的发展历程，使学生了解印刷的基本概念以及如何从最古老的印章发展到今天的全数字化印刷。引导学生全面、准确认识印刷作为中国古代四大发明之一的起源和发展脉络，准确认识中华文明取得的灿烂成就和对人类文明的重大贡献，树立正确的历史观、民族观和文化观。然后介绍现代印刷，根据印版形态可分为：凸版印刷、凹版印刷、平版印刷和孔版印刷，使学生了解它们的工作原理和主要应用对象。第二章详细介绍了印前、印中和印后的基本流程，帮助学生了解常见的印刷品是如何从无到有一步一步生产出来的。第三章是实训环节，通过包装盒和多页面画册两个印刷项目的实际操作，有针性地阐述制作印前电子文件的步骤、方法和注意事项，为后续进入专业领域的学习奠定良好的基础。第四章精选了国内外传统和现代的优秀印刷作品，分别予以详细的评述，总体上植根中国历史文化沃土，同中华优秀传统文化相结合，坚定历史自信、文化自信，坚持古为今用、推陈出新，不断赋予专业学习鲜明的中国特色，帮助学生提高鉴赏能力和审美修养。附录部分包括印刷常用术语、四色配色简表、纸张开度表和字号点级表，都是印刷设计师常用的数据资料，方便读者随时查阅

本教材的特色在于通过设置实际制作印前电子文件的项目，紧密结合印刷工艺的知识点，引导学生完成对印前环节的了解和掌握，并且熟悉相关软件的使用。这样，就使这门课程不仅是对印刷理论的讲授，也不仅是对印刷生产工艺的介绍，而是真正能有的放矢地理论结合实践，集理解、评价、使用、创造为一体。从而更好地提升学生的认知水平，增强学生的文化自信，弘扬中华美育精神，以美育人、以美化人、以美培元，对于培养科学思维与艺术思维兼具的复合型跨学科创新人才具有深远的意义。

张洪海

课时安排

建议课时64
（16课时×4周）

章节	课程内容		课时	
第一章 印刷理论概述	第一节　印刷技术的起源及发展	1. 雕版印刷术 2. 活字印刷术 3. 近代印刷术的发展 4. 数字化时代的印刷	4	8
	第二节　现代印刷的种类	1. 凸版印刷 2. 凹版印刷 3. 平版印刷 4. 孔版印刷	4	
第二章 印刷工艺流程	第一节　印前阶段	1. 原稿转换电子文件 2. 图文排版设计 3. 输出菲林 4. 晒版 5. 打样	4	10
	第二节　印刷阶段	1. 常用纸张及规格 2. 印刷色彩及油墨 3. 印刷机器的构造及工作原理	2	
	第三节　印后阶段	1. 装订 2. 烫印 3. 凹凸压印 4. 覆膜 5. 模切	4	
	第四节　印刷成本核算	1. 印前成本 2. 上机印刷成本 3. 印后加工成本		
第三章 数码印前制作实训	第一节　工作室基本条件	1. 硬件配置 2. 软件配置	4	42
	第二节　数码印刷基本知识	1. 矢量与文字 2. 位图与分辨率 3. 色彩模式与图像格式 4. 字体大小		
	第三节　实训项目一　食品包装盒的印前制版	1. 课程要求 2. 实践程序 （1）设计构思 （2）产品照片处理 （3）资料收集归档 （4）编排组版 （5）拼大版	20	
	第四节　实训项目二　多页面印刷品的排版制作	1. 课程要求 2. 实践程序 （1）原稿处理 （2）资料收集归档 （3）新建 InDesign 文档 （4）设置主页 （5）图文编排 （6）预检打包 （7）拼大版和印刷装订	18	
第四章 印刷工艺赏析	第一节　中国传统印刷赏析	1. 雕版印刷 2. 活字印刷	2	4
	第二节　现代印刷工艺赏析	1. 纸张的魅力 2. 技术的魅力	2	

目录
CONTENTS

目录

CONTENTS

第一章

印刷理论概述

第一节　印刷技术的起源及发展

第二节　现代印刷的种类

引言

在印刷术出现之前，文本知识的复制和传播主要依靠人工抄写，效率极其低下；印刷术的发明和应用，极大地促进了文化交流、传播以及生产力发展和科技进步，使人类文明进入了一个崭新的时代。印刷技术经历了从手作木刻到金属活字，从机械自动化到电子化、数字化的发展历程。

现代印刷按印版的特征可分为：

本章主要讲述：

1. 什么是印刷
2. 印刷技术是如何发展到今天的
3. 印刷的主要分类有哪些

以上是印刷理论中的基本问题，也是设计师需要了解的基础常识。

第一节 印刷技术的起源及发展

1. 雕版印刷术

中文里“印刷”的称谓是来自古代的图文复制技术，先把墨涂在刻好的木质印版上（图1-1），然后覆盖纸张，再用干毛刷，在纸张表面上下左右刷动，使印版突起部分上的墨在纸张上留下痕迹，也就是复制的内容留在了纸上，这个“印”和“刷”的过程就被称作“印刷”（图1-2）。

中国自战国时期就开始使用的印章以及后来为了复制碑石、青铜器上铭文内容的拓片，这两者完全可以视作印刷术的雏形。从印刷技术的角度来说，印章相当于印版，刻制印章可以看作是制作印版，盖章实质上就是印刷。早期印章上的文字，多是凹下去的反写阴文，印在纸上得到正写文字，这种由反到正的复制方法，跟印刷的原理是完全一样的（图1-3）。

春秋以后，在石碑上刻字的技术已经日臻成熟，为了传播碑文内容，人们在石碑上涂墨，然后蒙上纸张，用刷子把碑文拓印下来，便形成了黑底白字的碑帖（图1-4、图1-5），这显然与盖印章有异曲同工之妙。这两种技术的发明，使人们掌握了阳文、阴文、反书、涂墨（印泥）、盖印（拓印）等图文复制技术的基本原理和步骤，为雕版印刷术的发明奠定了技术基础。

公元2世纪初，东汉的蔡伦总结前人的经验，制成了性能优良的植物纤维纸，纸张具有轻便柔软、韧性良好、成本低廉等优点，是十分合适的书写材料（图1-6），很快就取代了笨重的竹简和昂贵的丝帛。公元3世纪，出现了用松烟和动物油脂制成的烟墨，非常适合书写及印刷（图1-7），这些都为印刷术的发明奠定了物质基础。

图1-1 古代木质印版

图1-2 “印”和“刷”

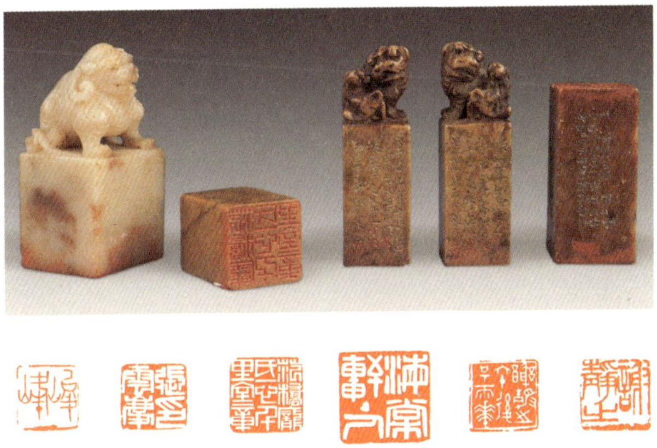

图1-3 印章

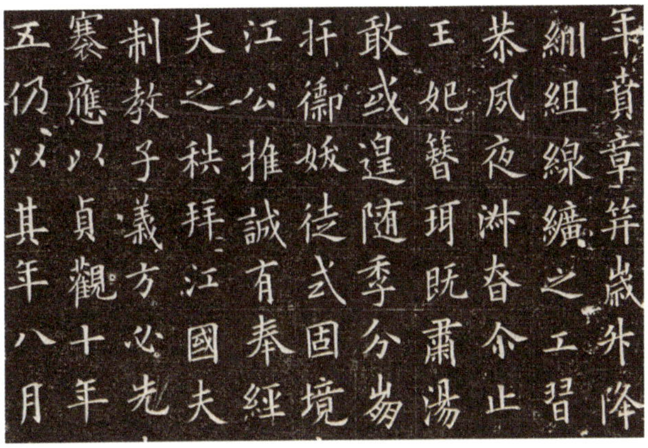

图1-4 碑帖

图1-5 拓印碑帖

图1-7 松烟墨块

图1-6 手工造纸

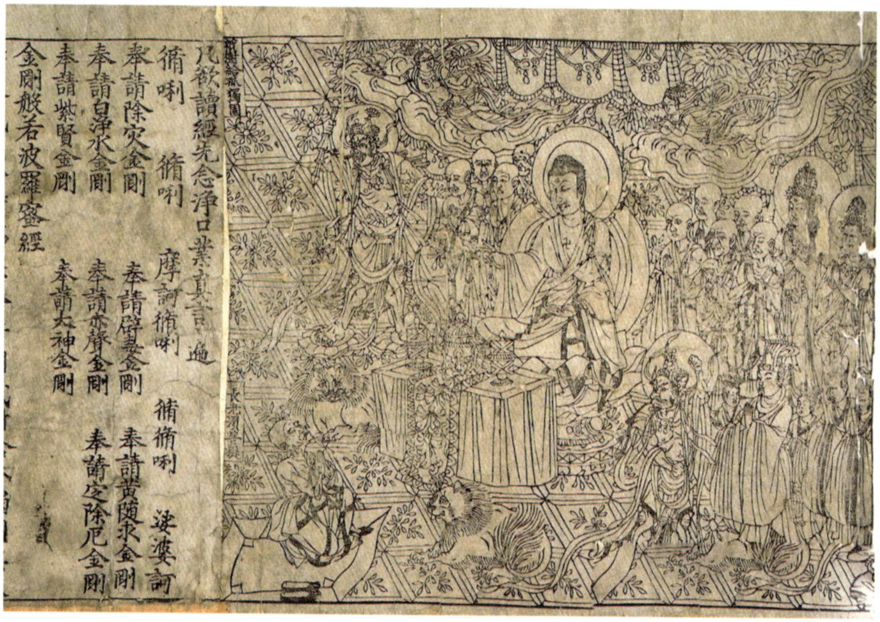
图1-8　敦煌出土的唐代《金刚经》

到了东汉年间，由于佛教兴盛，需要复制大量经文，人们受到印章原理的启发，发明了在木板上雕刻图文，再进行批量印制的雕版印刷术。雕版印刷术也称为整版印刷术，是在版料上雕刻图文进行印刷的技术，版料一般选用纹质细密坚实、硬度较高的木材，如枣木、梨木等，便于雕刻而且长期使用不易变形。大约在隋文帝时期，中国出现了木刻版书籍，在敦煌发现的公元868年印制的全本《金刚经》（图1-8），表明唐代的雕版与印制技术有了高度的发展，及至宋代，印刷术达到的精湛程度，已经堪称完美的艺术，标志着中国已经进入了木雕版印刷的全盛时代。

由于汉字不像其他由字母组合而成的表音文字，结构上要复杂得多，所以制作雕刻印版非常缓慢，效率很低，如果印刷书籍，要将全书每个字都要刻出来，包括许多重复的字都要一一刻出。万一出现差错，整块印版只能报废重刻，造成人工、时间和物料上的极大浪费。所以随着社会的发展，雕版印刷术已经很难适应大量、快速的印刷需求。

2. 活字印刷术

活字印刷术

大约在宋朝仁宗庆历年间，杭州的冶金工匠毕昇发明了“泥活字印刷术”，大大改善了手工雕刻印版的弊端（图1-9）。活字印刷使用胶泥做成一个个规格一致的毛坯，在一端刻上反写的单字，一般都采用阳文，然后用火烧硬，成为单个的泥活字。为了适应排版需要，常用字都备有几个甚至几十个，以备重复使用。遇到不常见的生僻字，可以随时制作。为便于检字，泥活字通常按照读音分类存放。排字的时候，用一块带框的铁板做底托，上面敷一层用松脂、蜡和纸灰混合制成的药剂，然后把需要的活字检出来排入框内。排完一版之后，用火烘烤，使底部的药剂稍微融化，用一块平板从上面把活字压平整，再等药剂冷却凝固，就可以印刷了。全部印刷完毕以后，再将药剂加热融化，活字就

图1–9　泥活字

图1–10　木活字

图1–11　旋转检字盘

可以脱落下来，放回原处以备下次使用。泥活字印刷术可以节约大量人力物力，提高了印刷速度，其基本原理和方法跟现代的凸版铅字印刷是完全一样的。

泥活字由于本身材质的原因，很难达到较高的精细度，并且在使用过程容易残损。在它的基础上，元代的王祯于13世纪末发明了木刻活字，并设计出旋转检字盘（图1–10、图1–11），大大节省了排字的人力，进一步提高了印刷质量和速度。王祯曾印刷一部六万多字的书籍，用不到一个月的时间就印了六百部。活字印刷术的发明，对于现代印刷术的产生有直接的影响。

3. 近代印刷术的发展

1445年，德国工匠约翰·古登堡（图1–12）用铅、锑、锡合金铸出世界上第一套铅活字，三种合金材料之间的配比，一直被沿用到铅活字被逐渐淘汰，也没有太大的改变（图1–13）；在铸字工艺上，古登堡使用了字盒和字模，使活

图1-12　约翰·古登堡

字的规格容易控制，也便于大量生产。然后古登堡又制造出第一部木质手动印刷机（图1-14），虽然结构简单，但改进了原来的印刷操作方式，由“刷印”变成了“压印”，大大提高了印刷的速度。他还用亚麻仁油调制出脂肪性油墨，使印刷质量得到极大改善，也一直沿用到今天。古登堡发明的这种使用金属活字、油性墨和机械化操作的印刷方式，更具有现代工业生产的特征，因此他在西方被称为“现代印刷之父”。为了纪念他的伟大贡献，直至今天每年一度在德国举办的世界“最美的书”评选活动，最高奖被命名为“古登堡奖”。铅活字印刷这一新技术的应用使欧洲的书籍产量大增，成本降低，使得更多的人有机会获得教育，对当时欧洲经济文化社会的发展起到了积极的推动作用，美国时代周刊甚至将书籍印刷的发明、书籍应用的社会文化作用和古登堡的铅活字印刷，一起列入上一个千年人类文明中最重要的事件。

古登堡之后的三四百年内，西方的印刷技术并未出现太大的变化，直到18世纪第一次工业革命时期，蒸汽机的出现促进了生产力的快速发展，印刷机械和技术也紧随其后，英国出现蒸汽动力印刷机（图1-15），极大地提高了印刷效率；1845年后的100年间，先后发明生产出转轮机、滚筒转轮机、多色转轮机等先进的印刷设备，同时各种其他的印刷方式如平版印刷、雕刻凹版、照相凹版也相继出现，实现了真正意义上的印刷工业机械化，手工印刷技术逐渐被取代。

我们还可以从制版技术的演变来了解近代印刷技术的发展情况。

图1-13　铅活字

图1-14　木质手动印刷机

图1-15　蒸汽动力印刷机

图1-16　整行铸排机

图1-17　早期的照相制版

从15世纪到19世纪末，古登堡发明的手工铸造活字一直主导着西方印刷制版技术，直到1885年，奥特玛发明了整行铸排机，这一状况才得以改变。整行铸排机利用键盘编辑整行字模，再用熔化的铅整行浇铸，至此，人们终于从手工排字中解放出来（图1-16）。1871年纽约发明家约翰·莫斯开始尝试将摄影用于印刷制版，为现代照相制版奠定了重要的基础（图1-17），1940年照相制版开始发展，通过字模将文字曝光到感光胶片上。20世纪70年代初，随着数字照排系统的出现，照相制版实现突破，铅字排版开始萎缩。

20世纪的最后20年，随着电子设备、电子信息处理系统成为新技术的核心，印刷业迎来了一次全新的数码化革命。从编辑排版、图形处理、插图创作，到制版印刷都发生了翻天覆地的变化，在这次革命中，苹果（Apple）公司的

图 1–18 苹果公司的第一代 MAC 电脑

Adobe® PostScript®

图1–19 PostScript语言的商标

图1–20 PageMaker排版软件

MAC电脑（图1–18）、奥多比（Adobe）公司的PostScript页面语言（图1–19）、阿尔杜斯（Aldus）的PageMaker排版软件（后被Adobe公司收购，现被InDesign软件替代）（图1–20）成为主流，这三个公司被人们称为“3A”，它们分别推出的硬件、软件和计算机语言构成了完整的印前系统，由此，印前制版从“铅与火”的时代进入“桌面出版”时代。

桌面出版系统意味着可以在一台计算机上完成文字的录入与编辑、图像的扫描与处理、图形元素的设计和页面编辑与组版。与输出设备相连接后，计算机就能够实现页面图文分色与加网，并最终将整个版面曝光到胶片上。20世纪90年代，桌面出版系统几乎是在一夜之间完全替代了传统印前工艺。就这样，科学技术的高速发展使印前工艺从最初的电子分色制版发展成为以黑白图文处理为主的桌面出版系统，进而发展为彩色桌面系统，再发展到今天以CTP（Computer to Plate）技术为核心的计算机直接制版系统，可以不用输出胶片，直接生成印版，这样巨大的变化仅用了短短的30年。

4. 数字化时代的印刷

进入21世纪以来，数字化已成为整个印刷行业发展的潮流和方向，总的来看，数字化技术在印前、印刷、印后以及印刷流程数据管理上都有体现，尤其在印前环节体现得更为完整与彻底。直接制版（CTP），数码打样、数码印刷以及数字化流程是近几年发展最快的领域。

计算机直接制版（CTP）不需要输出胶片，简化了晒版流程，大大减少了时间、物料和人工成本，具有良好的操作性，能自动输送、自动曝光、自动显影，确保印版制作快速、准确地进行；并且有利于环保，基本能避免大量化学药剂的使用和排放（图1–21）。无版无压印刷（NIP系统）则基本改变了人们以往对印刷的认识，它无须制作印版，只需通过静电成像和喷墨两项技术便完成印刷，这种类似复印和打印的印刷方式完全基于数字化基础。在生产和管理方面，数字化管理的JDF（Job Definition Format）工作流程依靠数字和网络技术，将印前、印刷和印后整合成一个完整的系统。这个系统将所有生产环节的数据联网，进行不间断的质量控制。这个系统甚至可以载运印刷环节的工作说明，填补生产和管理的沟通差距，对印刷品进行预测和评估，追踪实时进度，客户可以通过它远程确认打样、定义流程并跟踪进度。无论多么复杂的印刷、装订、分包、传送工作流程都能利用这个数字化系统进行管理。

数字化时代对印刷设计师提出了更高更全面的技术要求。印刷工艺流程中无论从图像采集、图文处理、印前排版，还是印版输出甚至无版无压印刷，再到印后，生产步骤和生产方法对数字化日益重视。数字化工作流程趋于网络化，具有节省时间及材料、提高质量的优势，但同时也对员工技能提出了新的要求。新技术条件下的印刷设计师不再仅仅局限于对模拟样稿的管理，还拓展为对信息与数据的控制与管理。新技术的发展给印刷设计师带来更新更广的空间。

伴随着数字化技术日益发展成熟，印刷业正在发生一场革命性的转变，印刷的概念和含义更加宽泛，从原来对原稿的复制工艺演变为一种“视觉再现”的过程，主要表现在生产和处理方式从模拟转向数字流程；从物理媒体转向数字媒体；从传统交通运输转向数字网络传输；从单一环节转向系统整合等方面。我们已经迎来了一个全新的数字化印刷时代。

同时，我们也进入了一个数字化阅读时代，电子媒体、互联网等新媒体功能的增强对印刷媒体产生强大的竞争压力，大有取而代之之势（图1-22）。为此，有不少人发出数字化阅读是印刷终结者的悲观论调。但事实是印刷工艺一直在积极吸纳数字化技术，对新技术表现出极强的适应力。未来的印刷工艺能整合纸质媒介和数字媒介，定点、定时、定量地组织个性化生产，体现出极强的媒介变通性。如此看来，新旧媒体的互动关系已经建立起来。正如历史上人们曾经预言广播取代印刷、电视取代印刷、网络取代印刷一样，今天的现代印刷依然是主要传播媒体之一。

从历史上看来，印刷品曾经是信息承载的主要媒介，担负着数量繁重的信息承载任务。在现如今这个数字化阅读时代，印刷品不再是媒介的独立主角，其得以从所担负的承载任务中解放出来，回复到它在“物质”向度的本来面目，物质向度的印刷品不但从平面角度考量传递信息的功能性，还从产品本身出发，从材质、结构、功能上着眼，以人为尺度满足人们阅读的多种体验，印刷品越来越富有人性化魅力。

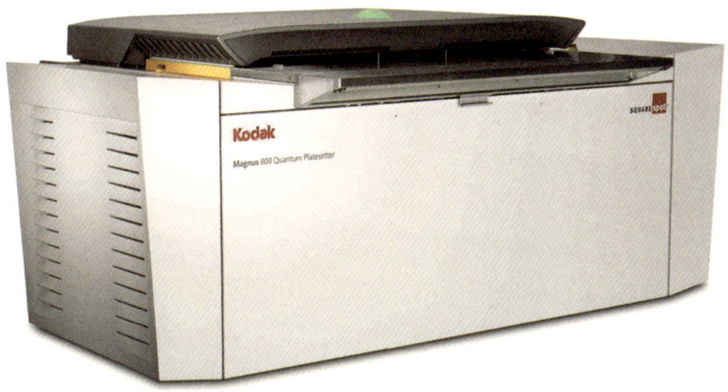

图1–21　柯达直接制版机

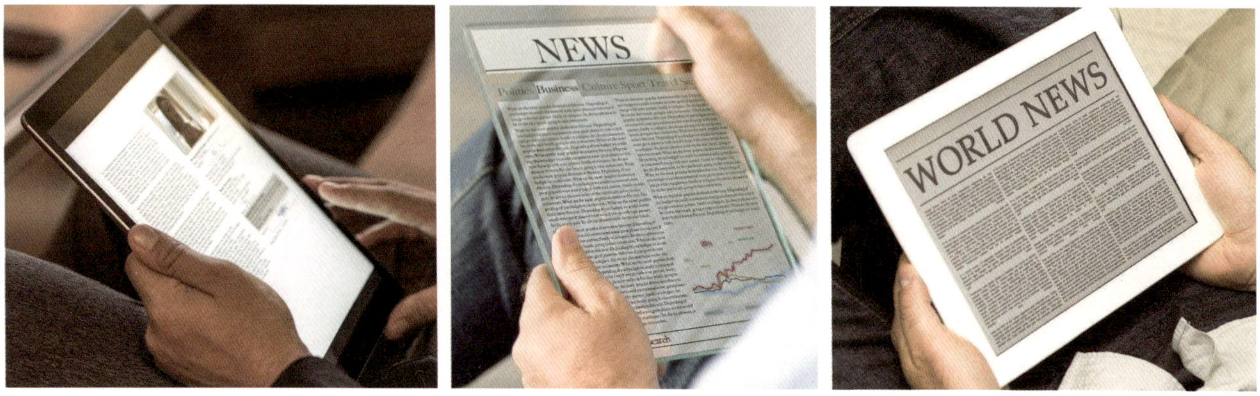

图1-22　数字化阅读

纵观千百年的印刷历史，印刷技术从木质雕刻板、全手工印制发展到金属印版、机械化印制，从电子化成像、全自动操作发展到数字化智能程控管理，科学技术的进步促进了印刷技术的不断革新。反过来，印刷技术的发展也和世界经济、文化、科学、艺术等领域的发展相伴相随，推动了教育的普及和知识的传播，从而使人类文明进入了一个崭新的时代。

第二节　现代印刷的种类

真正意义上的现代印刷是指具有图稿、印版、印刷机、承印物和墨料五种要素的图文复制技术。学习和了解印刷的种类，不但有助于区分各种印刷技术的不同特点，分辨印刷品的各种技术表现特征，还有助于我们对印刷市场全面而整体的认识。

根据不同的分类依据，印刷可分为不同的种类。根据印刷品用途不同可分为包装印刷、书刊印刷、报纸印刷等；根据承印物不同可分为纸张印刷、塑料印刷、金属印刷、不干胶印刷、纸箱印刷等；根据印版版材不同可分为树脂版印刷、木版印刷、丝网版印刷、铅印、胶印等；根据印制技术不同可分为手工印刷、机器印刷和数码印刷等。

通常在印刷工艺中应用最多的分类方式是根据印版表面的结构来区分的，印版表面可以分为图文部分和非图文部分，所谓表面结构不同，是指印版图文部分和非图文部分的相对位置不同，可分为四种：凸版印刷、凹版印刷、平版印刷和网版印刷。

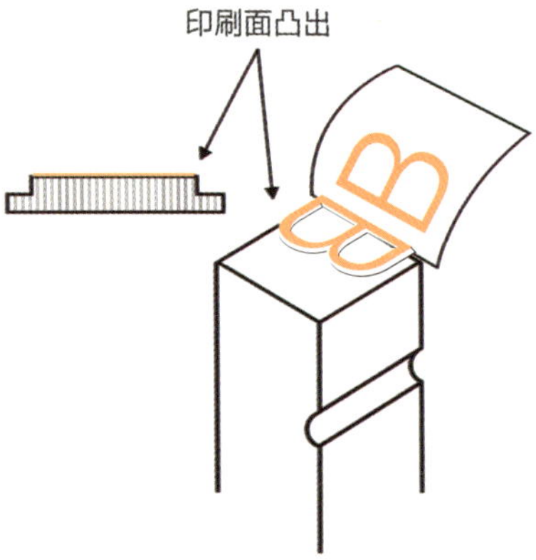

图1-23　凸版印刷原理

1. 凸版印刷

凸版印刷就是使用凸版进行印刷的技术，简称凸印。因图文部分高出版面，故称凸版（图1-23）。前文提到的雕版印刷就是历史最久远的凸版印刷之一。凸版印刷是一种直接加压的印刷方法。印版上的图文为反像凸起，印刷

图1-24　凸版印刷品1

图1-25　凸版印刷品2

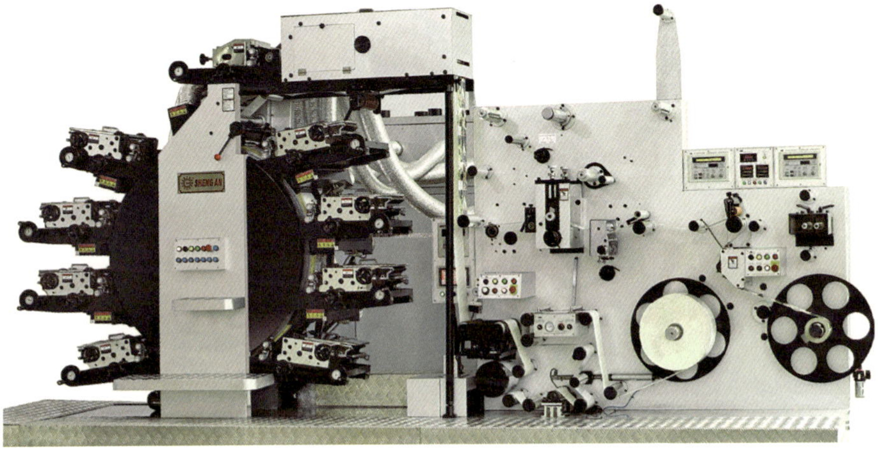

图1-26　凸版印刷机

时凸起部分覆上油墨经加压直接印在承印物的表面。如果印刷品的纸背面有轻微的印痕凸起，印刷图文的线条或网点边缘整齐，并且油墨在中心部分有些减淡，一般采用的是凸版印刷（图1-24、图1-25）。

木版是使用最早的凸版材料，之后金属替代木版成为主流材料，最新的凸版材料为感光树脂塑料，称为柔版，是一种改良型凸版。我们熟悉的铅字是使用最广泛的一种凸版，应用范围有教科书、事务表格、名片、信纸、信笺、信封等（图1-26）。

2. 凹版印刷

凹版印刷与凸版印刷相反，是用凹版进行印刷的技术，简称凹印。凹版通常采用铜或锌板作为版材，通过腐蚀、雕刻等手段进行图文刻画。印刷时，整个凹版表面均匀地覆上油墨，然后用布或报纸从表面擦去油墨，因图文部分凹陷故仍留有油墨，最后将纸覆在印版上面，加压，油墨便印在纸张上面（图1-27）。凹版刻划的凹槽具有一定深度，容易造成油墨堆积，印出的油墨也有一定厚度和立体感（图1-28）。

图1-27 凹版印刷原理

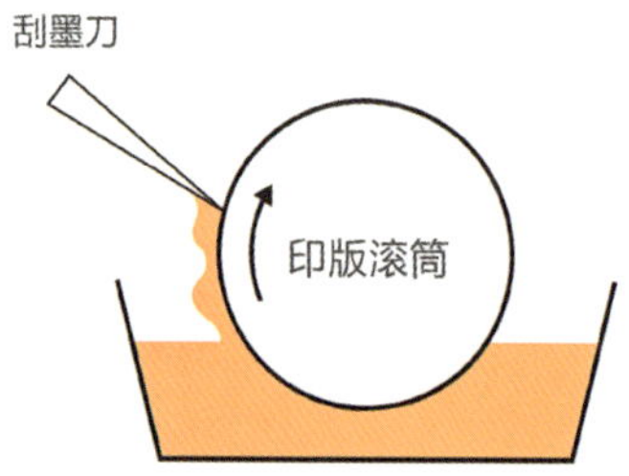

凹版印刷机的输墨方式

图1-28 凹版印刷机

图1-29 凹版印刷品1

图1-30 凹版印刷品2

由于凹版印刷成本较高，仿制难度大，因此经常用于需要防伪的有价证券或有收藏价值的贵重印刷品。例如纸钞就是我们最常见的凹版印刷品，还多见于股票、礼券、邮票以及商业性信誉凭证等（图1-29、图1-30）。

3. 平版印刷

印版上图文（着墨部分）和空白（非着墨）部分几乎处在同一平面，利用“油水分离”的原理来进行印刷。印版先用水湿润，非印刷部分吸收适当的水分，而印版上印刷图文部分实际上是一层富有油脂的油膜，排斥水分保持干燥。随后在印版上再均匀地涂布油墨，湿润的非图文部分不着油墨，而干燥的图文印刷部分则附着上了油墨。印刷图文部分和非印刷部分由此得以区分。现代平版印刷往往不是纸张直接接触印版来印刷，而是采用一种叫“间接印刷”的方法，通过一个橡胶滚筒转移印刷到纸张上面，故平版印刷也习惯地称为“胶印”（图1-31至图1-35）。

早期的平版印刷是由石版印刷发展而来，版材使用石块，之后改良为金属锌版或铝版为版材（图1-36、图1-37）。平版胶印广泛应用在海报、样本、说明书、书籍、画册、月历等印刷中（图1-38、图1-39）。

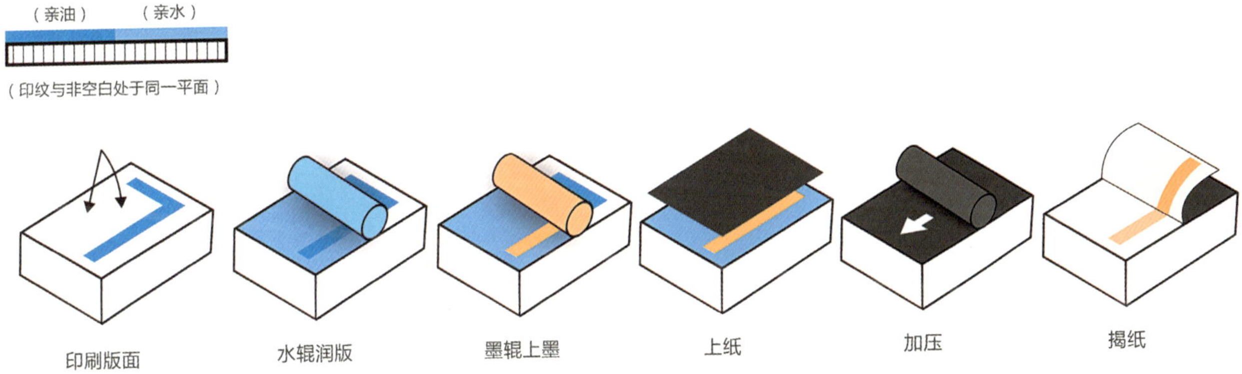

图 1-31　平版（胶印）印刷流程

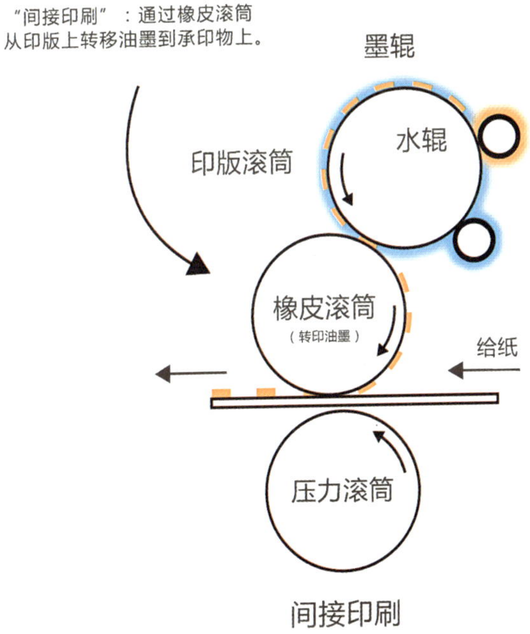

图1-32　平版（胶印）印刷原理

图1-33　老式平版印刷机

图1–34　双色平版印刷机

图1–35　四色平版印刷机

图1–36　石版印刷

图1–37　石版画/麦绥莱勒（比利时）

图1–38　平版印刷品1

图1–39　平版印刷品2

4. 孔版印刷

孔版印刷源自我国古代手工艺人的一种印制花布的印染技术，称滤过版或网版印刷（图1-40）。其中丝网印刷也称为丝印、网印。丝网主要采用蚕丝，或者尼龙、涤纶、不锈钢等材料制成。丝印的制作成本低，印制程序灵活变化，能适应特殊环境要求，适合小批量生产。现代丝印技巧已经相当先进，主要应用于纺织品、塑料、玻璃、金属等特殊承印物的印刷（图1-41至图1-43）。

孔版同样是平版，不过孔版的图文印刷部分是透空的，油墨可以在刮板作用下漏印至印版下面的承印物上（图1-44）。丝网布是使用最多的孔版材料，因此丝网印刷也成为孔版印刷的代名词。丝网印刷油墨浓厚，色调鲜丽，工艺简单，操作方便，适用范围极为广泛（图1-45、图1-46）。特别是丝网版具有可以弯曲的特性，几乎能够印在所有非平面的承印物上，我们日常所见出现在杯子、各种笔类、家用电器等物品上的图文信息，都是通过丝网印刷实现的。

每一种印刷技术都有其特点，图文表现时各有长处和短处，有些印刷品同时使用多种方法印刷，以达到完美的表现效果。

图1-40 刻制滤过版

图1-41 手工丝网印刷

图1-42 轮转丝网印刷机

图1-43 多色平移丝网印刷机

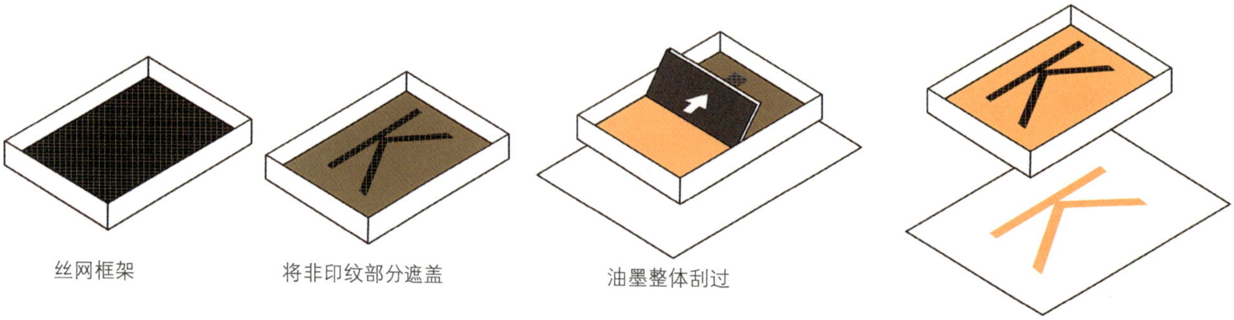

图1-44 孔版（丝网）印刷原理

图1-45 织物丝网印刷品

图1-46 丝网印刷艺术作品/安迪·沃霍尔（美国）

根据印刷品表面油墨的不同性状，我们可以判断其印制的方法。从印刷色彩表现来看，凹印以强大压力将凹陷处的油墨拉出，油墨具有一定厚度，色调最为浓厚；其次是网版印刷，同样具有较明显的油墨厚度，色调较为浓厚；在凸版印刷中，图文印刷部分着墨直接作用于承印物上，油墨受到明显挤压，色调表现力受到一定影响；平版印刷因水胶着墨以及间接印刷的缘故，色调表现最为柔和。

不同的印刷方法形成不同的画面效果和不同的平面设计风格。凸版印刷的图文轮廓边界清晰明确，印刷图文简洁利索；平版胶印最适宜表现层次过渡丰富细腻的图像影调，优良的平版胶印画面色彩柔和自然，细节丰富而动人；凹版印刷的特点决定其画面多为细密线条组成，形成特有的致密画面风格。

实际应用中，很多印刷品往往并非由一种印刷技术完成。尤其像产品的包装印刷，为了达到特殊的视觉效果，人们往往在包装印制过程中使用多种印刷技术。市面使用较多的有平版胶印印制图文，凸版烫印金箔，丝网印制UV等，某些特殊用品也习惯使用多种印刷手段，像邮票这样的有价票券只有国家印刷企业才能印刷，常用到的印刷技术就包括胶印、间接凸印、凹印、雕刻凹版印刷以及这些技术的综合应用。为了防止伪造，这些印刷品采取了很多的安全措施。许多国家还将邮票和银行钞券视为一种印刷质量标准。

第二章

印刷工艺流程

引言

我们都知道书籍、海报、商品包装等最后是在印刷机上印出来的，然后经过不同的印后加工做成成品。但是这个过程具体是怎样的呢？

设计师在设计印刷品的时候，必须熟知整个印刷工艺流程。这样不仅能按生产要求完成工艺设计，还能够掌控项目的生产工序、时间和成本。

印刷工艺流程大致可分为“印前—印刷—印后”三个阶段。印前部分主要是完成图文排版并把原稿制作成可供印刷机印刷的印版；印刷部分涉及对印刷机械的操控，印刷技师按照印前设计的质量要求把印版上的图文转印到纸张等承印物上；印后部分则是对完成印刷后的半成品做特定工艺处理，例如覆膜、裁切、烫金、装订、模切等。这三个阶段紧密相关，印前是整个工艺流程的筹备启动阶段，印刷是批量复制的实现阶段，印后则是最后完成阶段。

本章主要讲述：

1. 原稿如何转换成电子文件
2. 电子文件如何输出成为菲林（胶片）
3. 菲林（胶片）如何转印到印版上
4. 印版如何转印到纸张上
5. 纸张如何做成印刷成品

以上是印刷流程的主要问题，也是设计师必须掌握的主要技术内容。

第一节　印前阶段

印前阶段的工艺质量会直接决定最终印刷品的质量，若印前工艺处理不好，就不能印出高质量的印刷品，所以我们应该对印前工艺重点学习和掌握。

1. 原稿转换电子文件

原稿是指制作印刷文件所需要使用的所有文字、图片等相关原始资料。根据其物质形态可分为实物原稿和数字原稿，实物原稿是指已经冲印出来的照片、底片、绘画原作、手写文字稿、打印文字稿、印刷成品等实物形式的资料（图2-1）；数字原稿是指存储在电脑、光盘、互联网等储存介质里的数字图像、数字文本等电子数据形式的资料（图2-2）。

高品质的原稿是决定最终印刷品质量的首要条件，这里说的高品质，一方面指原稿的艺术品质高，具有动人的形象、色彩等；另一方面还指原稿的技术品质高，例如原稿的尺寸、整洁度、清晰度等。对于电脑绘制出的矢量图形来说，任意放大缩小不损图形的质量，而照片之类的位图则不同，这些图像在不同媒介上使用时，对技术品质会有不同的要求。

由于数字原稿本身就是电子文件，所以不存在转换的问题，只要符合印刷的技术要求，在排版时就可以直接使用。而实物原稿则必须通过用扫描仪“扫描”才能生成电子文件。扫描仪能够对原稿进行光学扫描，将其转换成为数字形式，也就是数字原稿，存储至计算机中，用于印前排版（图2-3）。

扫描仪的重要技术参数是分辨率。分辨率决定扫描仪所记录图像的细致程度，其单位是“点／英寸”（Dots Per Inch，简称dpi）或“像素／英寸”（Pixel Per Inch，简称ppi），表示每英寸包括的像素或点的个数。目前大多数扫描仪的分辨率在300～2400dpi之间。扫描的分辨率越高，所扫描图像的品质相对就越好，但有时分辨率大于某一特定值时，就只会使图像文件增大而不易处

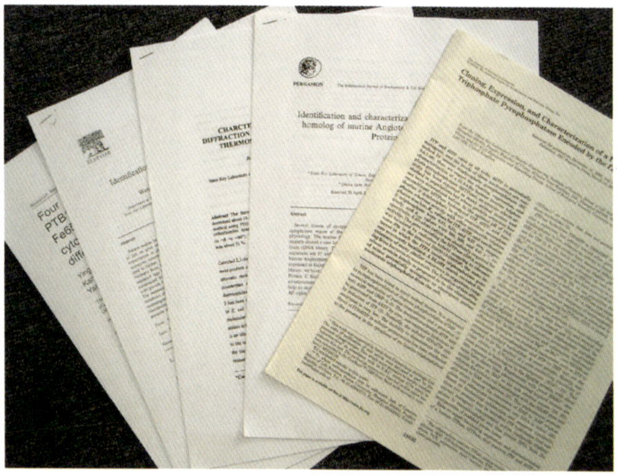

图 2-1　实物原稿

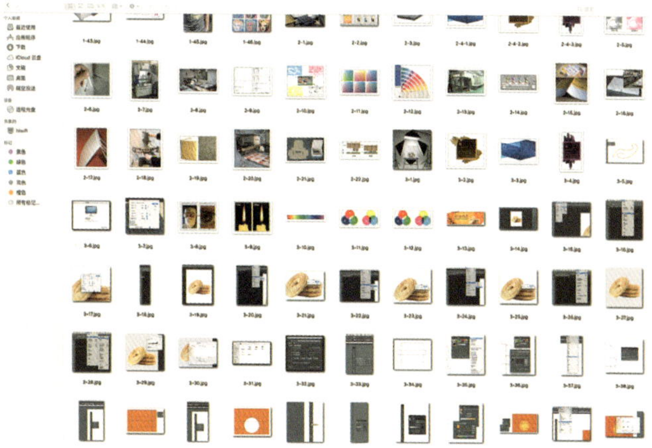

图 2-2　数字原稿

图 2-3 平板扫描仪

理，并不能使图像质量得到显著改善。

扫描不同的原稿要使用不同类型的扫描仪，例如，对印刷质量要求不是很高的图像，用常见的办公用平板扫描仪就可以；如果需要得到高质量的数字图像则必须借助专业的滚筒扫描仪或电子分色机来完成；如果要扫描正负底片则需要使用专门的“透扫”装置，扫描印刷成品还要做“去网纹”的处理。与此同时，高质量的图像扫描还必须由专业的人员作有针对性的色彩调控。

此外，文字原稿可以直接通过键盘输入，创意图形可以在专业软件中创建生成。还有数码照相机的普及使我们能很轻松地拍摄出数码照片导入计算机。当然，一些要求较高的图像往往委托给专业的商业摄影公司拍摄，数码图像处理如今已经发展成专业化的工作。

2. 图文排版设计

所有相关的原稿准备好了以后，就可以在计算机中通过专业软件进行排版工作了。专业的软件能够很方便地按照设计师的意图进行图文组合。

对于计算机来说，目前常用的有Mac和Windows两种操作系统平台，专业应用软件一般都会有对应这两种系统的不同版本，排版设计经常用到的有以下软件（图2-4）。

（1）矢量软件：Illustrator，CorelDraw，FreeHand等
（2）位图软件：Photoshop，Painter等
（3）组版软件：InDesign，QuarkXPress，PageMaker等
不同的软件具有不同的功能，设计师需要专业的学习和长期的实践才能完全熟练掌握。

排版设计完成后，在输出菲林前还必须做最后的检查，包括：检查文件格式是否正确，链接文件是否缺失，图像模式是否为CMYK印刷模式，分辨率是否达到印刷要求，字符是否需要转成路径以防字符缺失，专色和叠印设定是否正确等。这道检查程序在整个印刷的过程中非常重要，有利于确保菲林正确输出。如果等到输出菲林之后再发现问题，就会造成经济上的损失和时间上的延误。

图 2-4 常用排版设计软件

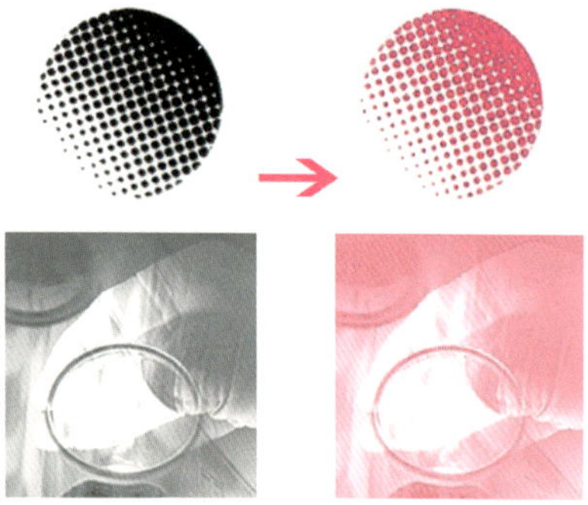

胶片的一部分　　印品红墨以后

图 2-5　菲林的网点与印刷油墨的关系

3. 输出菲林

排好版的电子文件通过专门的设备可以“打印”到透明的胶片上，得到高精确度的灰度图像，因为这种胶片的英文是“film”，在印刷行业习惯称呼它的音译，也就是我们说的“菲林”。“打印”是一种形象的说法，输出菲林的过程其实是电子文件经过照排机感光和显影处理生成黑白胶片的过程。

菲林上黑的部分遮光，透明部分透光，跟传统照片的显影原理是一样的。我们排版设计的图文信息此时变成可触摸的实物胶片，菲林上的图文信息，比例大小和最终印刷稿是完全一样的，只是没有色彩而已，每一张胶片就是将来的一种油墨的浓淡分布。菲林上的图文影像都是灰色的，因为它只需要表示油墨的浓淡，而不需要带有油墨本身的颜色。如果用放大镜来看，这种浓淡实际上是网点的面积在变化，应该留白的地方完全没有网点，露出透明的片基，最黑的地方被网点覆盖了100%的面积，中间调则随网点面积覆盖率的变化而让人感觉到有浓有淡。但实际上每个网点本身都是同样的黑色，而且不透明，这种黑色在印刷时会变成油墨的颜色（图2-5）。

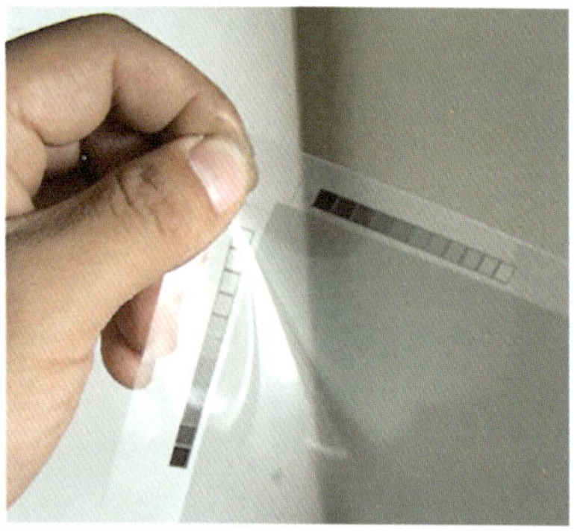

图 2-6　菲林片边缘上的各种印刷标记

在印刷中，一张菲林代表一个色版，有多少套颜色就需要有多少张菲林。人们常在菲林的四周空白处标记印版的记号，如叼口、套准十字线、色标、颜色监测控制条等（图2-6）。

输出菲林后需要做仔细的检查工作，包括表面是否有脏点、划痕，尺寸是否有误，图片文字是否缺失或错误等。

4. 晒版

菲林在印刷过程中起到一种中介作用，通过晒版再把图文信息转印到印版上才可以上机印刷。这个转印过程是通过曝光把图文信息转移到涂有感光材料的印版上，印版经感光后，菲林的透明部分可以透光，受光的感光胶发生化学反应。菲林的黑色的图文部分不透光，起到遮挡作用，相应的印版这部分感光胶不发生变化。晒版后的印版经过冲洗、显影，便制成可以上机印刷的印版（图2-7）。

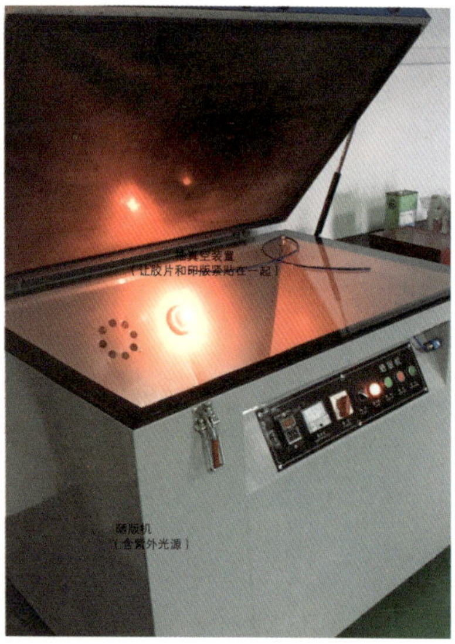

图 2-7　晒版机

5. 打样

印版制作完成以后，在印刷机大批量印刷之前，利用印版先印制少量的样稿，以备检查校对用，这个步骤叫打样。打样是印刷工艺流程中很重要的一个环节，是印刷品质量控制的重要依据。打样稿既可以帮助检查文档中所包含的各种信息，以便及时进行修改，如字体、图像、颜色和页面设置等，是印前校对、审核、确认的重要文件；又是批量印刷时色彩参考的重要依据。

图 2-8　平版打样机

目前在胶版印刷中，主要使用平版打样机进行打样。平版打样机可以模拟胶印过程，印刷油墨、纸张和印版都和胶印机一样，可以最大程度地接近最终印刷成品（图2-8）。和胶印机不同的是，平版打样机印版是平铺在印台上，而胶印机是把印版卷在滚筒上。

数码打样是使用高精度的打印机，通过软件对打印色彩进行管理，尽可能地接近印刷品的印刷色彩。数码打样稿色彩与实际油墨印刷的色彩多少会有一些差距，但数码彩色打样有着许多优势，比如：速度快，可以直接输出，免去传统打样的出片、晒版等中间环节，提高生产效率；成本低，由于免去了菲林和印版的消耗，即使改版也不会造成材料的过多浪费，并且与传统打样设备相比，数码打样设备的投资要低得多。因此，除了对印刷质量有特殊要求的高档印刷品，目前绝大多数印刷品的打样都是采用数码打样的方法。

第二节　印刷阶段

1. 常用纸张及规格（图2-9）

纸张是由植物纤维加入填料、胶料和色料等成分加工而成。构成纸张的原材料主要有稻草、竹木、棉麻等，原料不同，构成纸张的性质也会不同。纸张可分为涂布纸和非涂布纸。涂布纸一般指铜版纸（俗称光铜）和哑粉纸（俗称无光铜）两种，多用于彩色印刷。非涂布纸通常指胶版纸、新闻纸等，多用于内容主要是文字的书籍、信纸、信封和报纸等的印刷。

铜版纸英文原名为Art Paper，是19世纪中叶，由英国人首先研制出来的一种涂布加工纸，是把含有瓷土的涂料，均匀地涂布在原纸的表面而制成的纸张。我国20世纪30年代曾直译为“美术纸”，当时流行用铜版腐蚀制版技术印制名画，大多使用这种“美术纸”，人们便习惯称这种纸为“铜版纸”。铜版纸分单（面）铜、双（面）铜、光（面）铜、无光铜

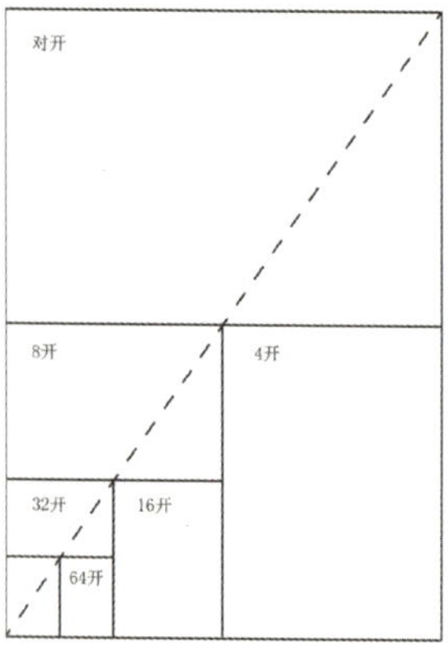

单位：毫米

正度（未裁切纸张787×1092）	
正对开	520×740
正4开	370×520
正8开	260×370
正16开	185×260
正32开	130×185
正64开	90×130
大度（未裁切纸张889×1194）	
大对开	570×840
大4开	420×570
大8开	285×420
大16开	210×285
大32开	142×210
大64开	110×142
A度（未裁切纸张890×1240或900×1280）	
A4	210×297
A5	148×210
A6	105×144
B度（未裁切纸张1000×1414）	
B5	169×239
B6	119×165
B7	82×115

（据GB/T 788-1999《图书和杂志开本及其幅面尺寸》）

图 2-9　国家标准纸张开度及尺寸

等。由于其造纸原理好像化妆时的涂粉，香港称之为“粉纸”。

铜版纸因为表面光滑，具有良好的油墨附着性，在网点印刷上有良好表现，是印刷业使用最多的纸张之一，所以大量应用于书刊画册印刷，目前市面上图片类杂志90%以上采用铜版纸。在实际使用中，光面铜版纸的反光会影响阅读，因此不适于大量文字的文本印刷。而且由于表面光滑，也不便于书写。另外铜版纸密度较大，书本到一定厚度，手感显得沉重。以上特点，在选用铜版纸时应予以考虑。铜版纸克重（每平方米该纸的重量）通常在70~350 克不等，300克以上的一般称之为“铜版卡”。

胶版纸是在木浆原纸表面施胶而成。纸张表面光滑度、密度比铜版纸略差些，但油墨吸收均匀度、平滑度都较好，而且纸张表面不反光，特别是着墨性好，适合书写，广泛应用于文字类书籍、信笺、信封印刷等方面。市面上的胶版纸克重通常在50~180克不等。

另外还有“特种纸”，这是相对于铜版纸、胶版纸等常规用纸来说的一个俗称，其正式名称应为“花饰纸”（Fancy Paper）。常见特种纸的品类有：滑面、蒙肯、雪花等，不同的品牌有不同的命名方式，具体要向纸商咨询或以纸样为准。特种纸在印刷应用时应注意以下问题。例如，有的纸会引致图文色差，有的不适合大墨底印刷，有的不适合烫金，有的油墨不易干燥。还要考虑纸张对网线的适应性等方面，通常这些问题会通过打样进行确认，以免造成不必要的损失。

印刷使用的纸张种类繁多，除以上列举之外，常见的还有轻质纸、牛皮纸、毛边纸、字典纸以及合成纸等。

2. 印刷色彩及油墨

印刷品中的色彩主要是通过油墨来实现的，印刷中的油墨需要经过调配使用。调配油墨主要包括以下几个方面：

- 调节油墨的干燥度、黏稠度、流动度等；
- 调配彩色油墨；
- 调配特种油墨。

调配油墨是一项细致而重要的工作，调墨的质量往往会直接影响印刷的质量。

在传统的凸版印刷中，调配好的色彩涂布附着在印版上，一块版印制一种色。例如，印制绿色的图样必须事先调制好绿色油墨，涂附在印版上印制便得到绿色图样，调配的绿油墨和印制图样的绿色必须是一样的。

人们发现色彩的三原色原理后，也就是用红、黄、蓝三色可以调配出其他的色彩，因此把青（Cyan）、品红（Magenta）和黄（Yellow）称为印刷三原色，后来为了色调和层次的丰富，又加上黑色（Black）合称为印刷四原色。在理论上这四种颜色的油墨可以调配出任何颜色。例如要得到绿色可以用青色混合黄色调配而成。“青、品、黄、黑（CMYK）”四种油墨是印刷中最基本的油墨，也称印刷四原色。工业化生产的标准CMYK油墨，不同产品之间虽然品质和用途有差别，但色相是完全一致的。在平版印刷中，色彩的调配并不是像传统方式那样通过油墨的事先混合得到，而是通过四原色油墨的细小网点的“空间混合”形成的，四种颜色的网点叠印在一起形成复杂多样的彩色，特别是结合网点的不同排列，更可以印出各种具有丰富影调的彩色图像（图2-10）。

在实际应用中，除了印刷四原色，另外有一些色彩必须特别调配，这些颜色的实现不是按照印刷四原色混合叠印形成的，属于四原色以外“专门”调配的墨色。另外，像金、银等金属色，荧光色等很多特殊效果的色彩是四原色无法调配出来的，这些特殊的色彩效果必须使用特殊的油墨来实现，印刷业把以上这些四原色以外的特殊墨色，称为“专色”，印刷中如果使用专色，同样需要制作一块专门的印版来印制。

图 2-10　印刷四原色示意

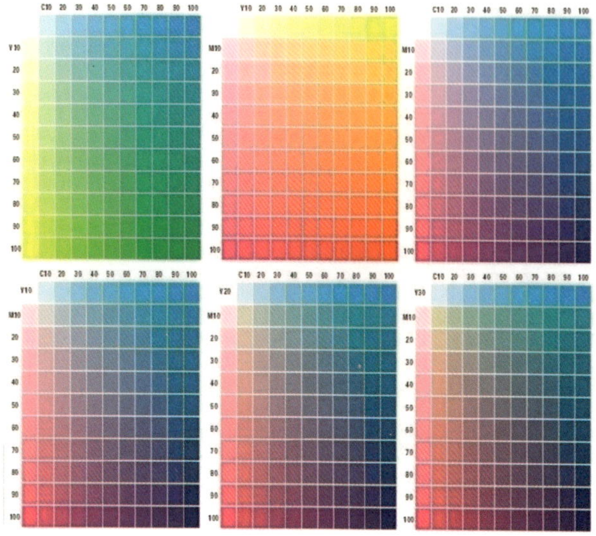

图 2–11 印刷色谱

图 2–12 潘通（Pantone）色卡

图 2–13 四色平版印刷机

色彩的调配必然会出现色彩标准问题，人们对色彩的主观感受是千差万别的，同样是一种色相表述为“蓝”的色彩，却会有千差万别的结果，比如湖蓝、钴蓝、深蓝、浅蓝等等。为了在色彩上达到统一，人们制作了色谱和色卡作为色彩比照工具。色谱是印刷四原色按照不同色别、不同配比印制出来的色彩谱系（图2–11）。人们可以根据CMYK的百分比找到对应的位置，查到色彩的具体样貌。色卡则是按照人们制订的色彩标准体系制作的色样，其中最为知名的是潘通（Pantone）色系统，该系统编制了常用的上千种色彩，用代码编号将其分类制作成色卡，在全球范围内发行。潘通色卡用数字编号作为代码与色样一一对应，查找极为方便，目前已经成为一种国际通用的标准色色卡，应用在印刷、染织和工业设计中（图2–12）。

3. 印刷机器的构造及工作原理

印刷机器通过机械的手段将印版最终印在承印物上。种类繁多，按印版版式分凸版印刷机、凹版印刷机、平版印刷机等；按印刷方式分有平版平压式、平版圆压式、圆版圆压式等类型，按一次印刷色数分有单色机、双色机、四色机、五色机等，还有按纸张形态分为平张纸印刷的张页式印刷机和卷筒纸印刷的轮转机。

平版胶印机是目前使用最为广泛的印刷机（图2–13），它的基本结构分为供纸单元、印刷单元和收纸单元三部分。胶印机中印版滚筒、转移（橡皮布）滚筒和压印滚筒组成其印制系统，采用圆压的方式进行连续印刷。一般的像凸版、凹版和网版印刷的机器较为简单，而平版胶印，特别是印制高质量的大型的平版胶印，机器精度要求特别高，属于高精密机器。平版胶印机的性能除了与品牌有关外，还和机器的装配、安装、调试及维护保养等有关。

在平版印刷机上，油墨并不是直接从印版转移到纸张上，而要通过橡皮布这个媒介。我们经常在粗糙的特种纸上看见图文仍然被清晰地印刷，这就是因为有橡皮布这种柔软的媒介把油墨按压到纸张的纹理中。印版、橡皮布都裹在滚筒上，纸张也通过滚筒来传递，当这些滚筒对碾时，印版上的油墨（图文）转移到橡皮布上，又从橡皮布转移到纸张上。而且，四色印刷要印四种油

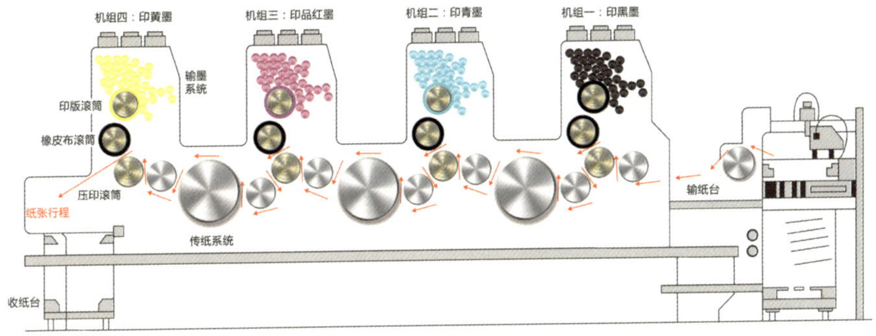

图 2-14　平版四色印刷机工作原理

墨，每种油墨是在一个机组中印刷的，因此，每个机组内有三个滚筒——印版滚筒、橡皮滚筒和压力滚筒，还有很多输墨辊和传纸滚筒（图2-14）。

第三节　印后阶段

印后加工阶段包括纸张（或其他承印物）印刷之后的全部加工内容。印后加工具有多样性，涉及书籍、报纸、包装等。装订和表面整饰加工在印后是最常见的，主要包括：

- 装订：骑马订、平订、环订、仿古订等；
- 烫印加工：电化铝烫印、立体烫金、全息标识烫印等；
- 立体效果加工：凹凸压印、滴塑、压花等；
- 光泽加工：上光、覆膜（亮光、哑光）、UV等；
- 特殊功能加工：涂蜡、浸渍树脂等；
- 复合加工：即涂复合、挤出复合、预涂复合、无溶剂复合等；
- 其他：压感复写、撕裂功能、磁加工等。

限于篇幅和教学的实际情况，本章具体介绍几种最为常见的装订方式和表面整饰、包装模切等印后工艺。

1. 装订

图书报刊等成册的印刷品在印后阶段都会采用各类装订工艺，印刷好的内页在折叠之后，是一帖一帖的，把它们叠在一起，把要相连的那一边撞齐，用某种方式把它们牢牢地连在一起，避免以后裁切时各帖之间发生滑动，这个过程叫装订。

装订有多种类型，它们关系到每一页的四个边中哪一边应该和其他页面相连（订口）、哪些边要被裁切（切口）。这对设计师来说是很重要的，因为接触到

图 2-15　骑马钉

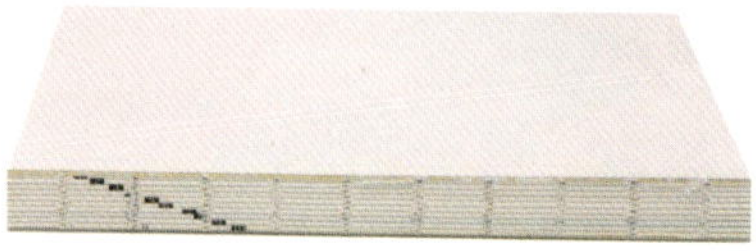

图 2-16　锁线订

图 2-17　环订

切口的图片、色块和线条必须超出切口几毫米，这叫出血，而订口上则不能出血，这也关系到在排版文件中哪些页面应该相连、在拼版文件中各页面应该以什么顺序排列。总之，在开始设计之前，设计师就要明白印刷品将用什么方式装订。

（1）骑马订

这是最简单的装订，用于薄的杂志和册子。它看起来就好像是把一叠纸同时对折然后订上订书钉，在封面和封底之间只有一条折痕，订书钉穿过这条折痕扎到书的里面去（图2-15）。

（2）平订

这是大多数书籍采用的装订方式，在封面和封底之间有一个明显的接面，它叫书脊，实际上它是内文一帖一帖叠起来产生的厚度，在这里用线、胶或铁丝固定。平订的方式又可大致分为：

- 锁线订：仅仅用线将各帖的订口缝合在一起（图2-16）。
- 无线胶订：在订口上铣背、打毛、打孔或者锯出一些槽，使它变得粗糙，然后涂上热熔胶，将各帖的订口牢牢地粘合。

（3）环订

像台历那样，在页面边缘打孔，用螺旋形的金属或塑料丝穿连（图2-17）。

几种常见装订方式对比：

装订方式		书脊可否印刷	耐用性	相对成本	优缺点
骑马钉		否	中	低	生产快速、成本低，但页数必须是4的倍数，否则无法装订
平订	锁线订	是	高	高	牢固、持久，适合页数较多的书籍等印刷品，但要注意靠近订口处的区域，有可能显示不全。
	无线胶订	是	中	中	
环订		否	低	低	非常适合少量印刷和临时定制，可装订不同材料，跨页内容很难对齐，基本为人工操作，不适合大批量印制。

2. 烫印

烫印工艺最常见是烫印电化铝，俗称“烫金”“烫银”，是一种不用油墨的印刷工艺，基本过程是把金属凸版加热后，垫上电化铝纸，压印到纸面上，铝箔烙印在纸上形成固定的图案或文字。烫印电化铝的图文有强烈的金属光泽，可增加印刷品的装饰效果，在商品包装中应用广泛。常见的烫金机器为立式平压烫印机，把烫金版固定在烫印机底板上，底板通电加热传递到印版，受热的印版压印铝箔到承印物上，图文部分受热粘贴到承印物表面（图2-18）。

图 2-18　立式平压烫印机

电化铝除了有传统金、银箔的光泽外，还有丰富的色彩和肌理，富丽堂皇，流光溢彩，甚至可以在各种底色上做出类似皮革、纺织品、木材的凹凸纹路。它装饰印刷品的效果实际上已经超过了传统的金属光泽效果。而且电化铝可以和各种各样的材料结合，我们在书籍封面、请柬、证书、贺卡、烟酒包装等处可以见到烫印工艺。有全面烫印的，也有局部烫印的。如果是局部烫印，就需要金属模板，模板上有凹凸，凸起部分就是要烫印的图案的形状。对设计师来说，需要为电化铝烫印提供图样，或者出一张胶片供印刷厂制版参考。

3. 凹凸压印

凹凸压印又称“起凸”，是另一种不用油墨的印刷工艺，它通过金属版在纸面上施压形成印纹。基本过程是通过一套金属凹凸印模合力作用，在纸张上留下具有立体感的印纹效果。压凹凸的效果取决于金属模具的质量以及纸张的性质。凹凸压印一般在平压式凸版印刷机上完成，这种机器外形类似于烫金机，特点是压力大，能压较大幅面的产品，当纸张较厚时，可将凸版加热以后再冲压。

图 2-19　凹凸压印工艺

凹凸压印的图样由设计师提供，印刷厂工人根据它来腐蚀金属板，做出凹的模具，再往里灌石膏或高分子材料，做成凸的模具。设计师提供图样最好的办法就是单独出一张菲林，这张菲林是和四色菲林同时输出的，

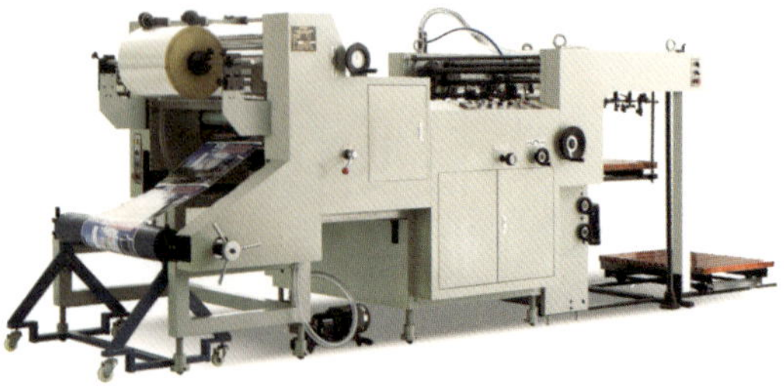

图 2-20　热压覆膜机

上面的对齐规线和四色菲林的规线完全一致，起凸的部位被填充成黑色，当把它和四色胶片重叠在一起的时候，图样恰好落在它应该落的位置，比如四色片上有一行大字，这些大字应该起凸，那么起凸片上就有相同的一行黑字。应该注意的是：起凸工艺的精确程度不是很高，只能用于大字、粗线条和简单图案（图2-19）。

4. 覆膜

覆膜是将涂有黏合剂的塑料薄膜经热压复合在纸张表面的一种工艺。具体来说，像书籍的封面、纸盒的外表面这些容易磨损的部位，如果需要保护膜，就在印刷之后、折叠和裁切之前给它裱一层，这层膜必须很透明，有很好的韧性，质地均匀，没有砂眼气泡，表面平整，它通常是聚丙烯材料做成的，它还预涂了热塑性高分子粘合剂以便和纸张结合，印刷厂用热压滚筒把它牢牢地贴在纸上。这样一来，纸的表面有了更好的光泽，质地更厚实，而且印在上面的颜色受到了保护。

覆膜的材料有两种，一种是光亮如镜的，一种是不太反光的，分别简称为“光膜”和“哑膜”。光膜最透明，对墨色几乎没有影响，但它的反光因为会干扰视线，有时不太讨人喜欢。不过在精装书的封面、硬纸盒等平整的表面上，光亮如镜的效果还是不错的；哑膜的质感厚实稳重，通常显得比光膜要高档，但它会影响印刷的墨色，对色彩要求很高的印刷品是不宜使用哑膜的。另外，由于覆膜使用的原材料在生产和回收等方面均不利于环保，近年来已经越来越少采用这种工艺（图2-20）。

图 2-21　模切的纸盒

5. 模切

模切是指在模切机施压，模切刀版将印刷品压切成所需要形状的工艺，在包装盒印制中最为常见（图2-21）。

模切的模具被固定在同一块板上，同时对印刷品施压。模切用的是钢刀，这种刀非常柔韧有弹性可以弯折成曲线，嵌入底板上预先锯出的沟缝中，锋利的刀刃朝外，可以把印刷品切开。压痕用的是钢线，也像钢刀那样安装，但钢线是钝的，压在印刷品上只能压出凹痕。在钢刀和钢线之间夹着一些木块或金属块，防止它们松动，在钢刀的刀口两侧还有橡皮块，它高于刀口，利用其弹性将模切后的纸板从刀口上推开。还有一种钢刀是间隔刃口，用来切虚线的时候使用（图2-22）。

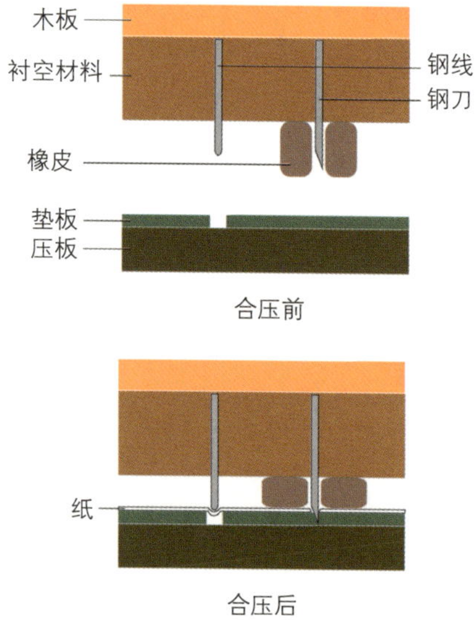

图 2-22　模切原理示意图

第四节　印刷成本核算

成本是企业生产经营的重要考量内容。只有熟知整个工艺流程才能准确地预算出产品的成本价格。印刷品生产是分工序操作的，各个工序环节发生的费用累加起来的总和是总成本，总成本平均在每件产品上就是单价。所以要得出产品的单价成本还必须明确数量。同一件印刷品，印刷数量不同，单价就不同，这种差别有时还比较大。

印刷的成本核算一般分为三部分：印前成本、上机印刷成本和印后加工成本。

1. 印前成本

印前阶段包括印稿的设计和制作印版。设计费用因人而异，差别很大。设计公司中有的按印刷品的页数（P）来计算设计费，有的按件计，也有的按项来计费的。设计过程中使用图片的情况也不同，有的请专业摄影公司拍摄图片，有的则租用图片公司的图片，不一而论。以上各项可能含有艺术创造成分，难以按固定的标准来计算成本。只有到了制版阶段，各工序都符合标准化生产，成本和利润较为稳定，易于形成较为明确的价格。

（1）电分

如果需要对图稿进行电子分色的话，可以找专业的输出公司完成这项工作。滚筒扫描电分通常按兆计费，生成的电子文件越大，费用越高。

（2）输出

菲林输出的价格与菲林品质、输出质量、服务水平有关。菲林输出前，电子文件交付时一定要向工作人员交代清楚技术要求，检查电子文件确保图文无误。菲林输出后，仔细做好菲林校对工作，发现问题及时补救。

现在，普通的印刷品一般采用计算机直接制版（CTP），省去了输出菲林和晒版这两道工序，可以节省一部分费用。

（3）打样

是把菲林晒成印版制作印刷样稿。菲林打样的费用是按照印版的数量和尺寸计算的。

印前工作必须非常细心，特别是对样稿的校对。印版出现错误轻则造成返工，增加印刷成本，重则使后续产品报废，造成严重质量事故。

2. 上机印刷成本

这一部分成本主要包括纸张成本和实际印刷的费用。

（1）纸张成本

对大批量的项目，纸张是最主要的成本。纸张一般以吨为计价单位，而且价格随时会发生变化，实际操作中应事先咨询有关供货商，了解实时价格。

印刷品的生产要在质量上保证最后成品的足够数量，所以在每个阶段都会留有残次品的余量，行业内称为“放数”。比如要印制10000个纸包装盒，印刷时往往会准备11000 张纸的量，以备后面的各个阶段都有足够的放数。印刷中的放数包含印刷校版时的纸张损耗，损耗率一般为每套色版8%，金银卡等特殊纸张因油墨不容易干而损耗更多，四色印刷最低损耗数量为200张。在计算纸张成本时，应该把这部分放数一并计算在内。

纸张成本价格计算公式为：
长（米）×宽（米）×克重（吨）×吨价×总数量

例如，印制1000张大对开157克铜版纸四色海报，按8000元吨价，则纸张成本为：
0.88×0.59×0.000157×8000×1200=782.54（元）

（2）实际印刷费用

这部分费用包含印刷工人工资、机器折旧、企业利润等方面。根据印刷品的数量、工艺难度不同，印刷价格也会不同。例如，专色印刷一般以两倍印工来计算，其他墨色大的版面印工也会略高些。

3. 印后加工成本

不同产品的印后加工工艺不同，所产生的费用也不同。印后价格一般按单位数量计价，数量少的按次计价。

需要说明的是，印刷各个阶段的成本并没有标准定价，不同地区的印刷价格各不相同，同一地区的印刷价格也会随市场变化随时作出调整变化。印刷工序繁多，每道工序都有可能因质量问题造成误工误时，严重的还会造成返工或产品报废，在印刷过程中稍有不慎就有可能造成经济损失。

优秀的印刷设计者能够熟知各道工序，预判可能出现的技术难点，合理协调各个环节，有效推进整个印刷工作的顺利进行。要真正做到节约成本，不只是在各环节中要做到技术合理，减少浪费；还应该保证整个印刷项目任务的高质高效完成。印刷设计实践中切不可不顾实际情况，一味催促工期，盲目冒进，结果有可能适得其反。

第三章

数码印前制作实训

引言

印刷技术发展到今天，已经实现完全的数码工作流程，即计算机直接印刷。数码印刷流程大大简化了生产程序，节省了时间，同时提高了质量，优化了管理。并且数据还可以备份、共享、重复使用。

数码印前技术，主要是指以数码原稿为基础，通过计算机直接出片或制版实现数码印刷。

本章主要讲述：

1. 数码印前制作需要的基本软硬件环境如何配置
2. 数码印前制作必须掌握的基本知识有哪些
3. 数码印前制作的基本流程是如何进行的

以上是印前制作的主要问题，也是设计师最主要的工作内容。

第一节　工作室基本条件

数码印前工作室的硬件设备和专业软件的配置应该能够满足印前制作过程中所有环节的使用需求，在这里最终完成的电子文档，应该可以直接发送给其他生产部门输出胶片、打样或者印刷成品。

1. 硬件配置

硬件方面，数码相机、扫描仪、电脑、黑白和彩色打印机等是数码印前工作室必不可少的设备。数码相机和扫描仪完成图形输入任务，电脑则最好同时配备Windows和Mac两种操作系统的机型。Mac系统为大多数艺术设计从业人员喜爱，Windows系统则拥有广大的商业办公用户，虽然目前两个系统之间的兼容性较好，但一般的工作室都会同时配备两种系统的电脑以应对各种需要。

黑白打印机打印黑白纸质稿用于校对版式和文字，彩色打印机打印的彩色稿作一般性的色彩校对用，准确的色彩校对必须到专业的输出公司打数码样。除此以外，工作室还应配备操作台以供剪贴图样稿、做实物小样等。如条件允许还可以配置简易的小型摄影棚，用来拍摄尺寸较小的产品或者图片素材非常方便（图3-1），但要求具有较高专业水准的照片，还是要委托专业的摄影公司进行拍摄。

图 3-1　简易摄影棚

2. 软件配置

软件方面，数码印前工作室除应配备多种中英文字体库、图片库光盘资料之外，主要有以下必备的专业软件。

图 3-2 Adobe Illustrator

(1) Adobe Illustrator

矢量图形具有文件小、编辑方便、缩放不失真等优点，在平面设计和印刷中的应用非常广泛。Illustrator是Adobe公司开发的一款矢量图形处理软件，在矢量图形设计方面表现极为出色。此外，Illustrator还能胜任简单的排版工作，特别是单页的版面排版，非常方便。(图3-2)

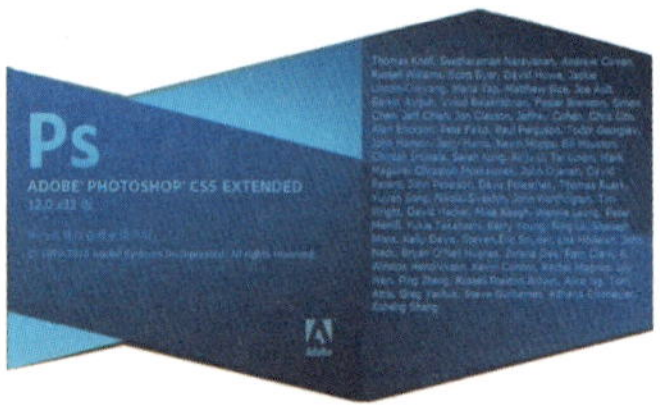

图 3-3 Adobe PhotoShop

(2) Adobe PhotoShop

PhotoShop应该是Adobe公司最为知名的产品了，广泛应用在摄影、印刷、动画、多媒体等领域。在印刷实践中，PhotoShop最擅长修正调校照片和图像，成为专业用户的不二选择。PhotoShop中还有印刷色彩模式（CMYK）、专色通道、陷印、叠印显示等是专门针对印刷技术而设置的功能。(图3-3)

图 3-4 Adobe InDesign

(3) Adobe InDesign

InDesign是Adobe全力打造的一款专业排版软件，与Illustrator、PhotoShop系出同门，可谓拥有良好的“血统”。作为PageMaker的替代产品，InDesign从一开始就摒弃了操作性差、兼容性弱等缺点，整合矢量处理和文字排版等多种功能，交互界面友好，功能强大，尤其是文件输出的可选性方面独具特点。特别是Adobe的pdf文件格式逐渐成为行业新标准后，InDesign受到极大的追捧，目前已经成为应用最广泛的排版软件。(图3-4)

第二节 数码印刷基本知识

在现代化的印刷工业中，计算机技术已经成为必不可少的生产条件。数码印前制作涉及印刷流程中众多基本概念的运用，集设计、工艺、软件操作、流程管理等内容于一体，是印刷流程中极为关键的一环。数码印前制作至少要了解和掌握以下基本知识。

1. 矢量与文字

电脑中的矢量图是通过数学计算语言来定义的图像。我们常说“两点决定一线”，也就是说我们定义两个点就能得到一条直线，如果这个点有“把手”控制曲率的话就能形成曲线。法国数学家皮埃尔·贝塞尔（Pierre Bezier）利用这个道理设计开发了“贝塞尔曲线”，仅用少量的锚点就可定义任意形状的曲线，在每个锚点的两侧有控制杆，控制杆的方向和长度决定了曲线的走向和曲率。比起用像素构成图像，这种方法大大地精简了数据，这些数据存储在计

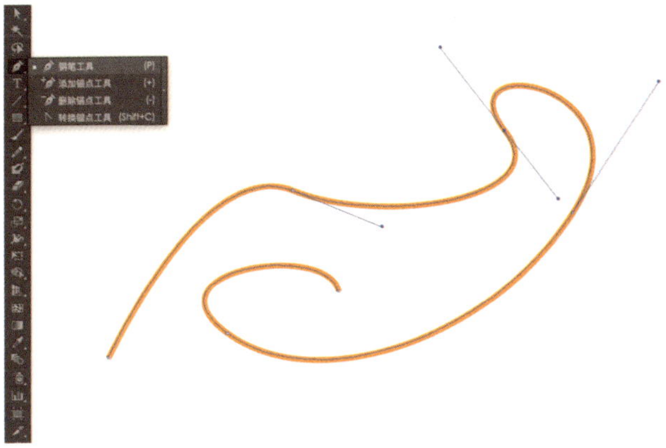

图3-5　贝塞尔曲线

算机中所占的磁盘空间很小，而且数据量不随图形的尺寸增加。“贝塞尔曲线”成为计算机矢量图形的基础。我们利用上述三个软件中的“钢笔”工具都可以定义不同特性的锚点，完成贝塞尔曲线的绘制（图3-5）。

锚点是用数学语言定义的，锚点之间的线条也是通过数学计算的方式得到。改变锚点的位置，线条随之变化。放大图像时，锚点之间的计算方式不变，图形的边缘会依然保持明确清晰。所以矢量图形不存在分辨率大小的问题。

像Illustrator，CorelDraw，InDesign，Flash等软件是以矢量图为基础进行工作的，因此我们把这些软件称为“矢量软件”。在矢量软件中创建的文字有作为“字符”具备的比如字体、字号、行距等属性，如果把这些文字“转换为路径”，它们实际上就成为了“矢量图形”，我们就可以像编辑其他矢量图一样任意编辑文字的轮廓。

矢量图形和文字是印前环节中两个非常重要的内容，熟练掌握电脑矢量图形和文字的处理有助于更好地解决印刷设计中的问题。

2. 位图与分辨率

计算机屏幕显示的最小单位叫像素。在大多数屏幕上，每英寸有72个或96个像素，这是肉眼难以觉察的，但是可以用放大镜看见。整个屏幕所包含的像素数目是可以查出来的。在PC电脑的“显示属性”对话框或Mac电脑的“显示器”对话框中，可以查到类似于“2560×1440”的数据（图3-6），并且可以改成“1024×768”“800×600”等，它们的单位就是像素。“2560×1440”意味着，屏幕宽2560像素，高1440像素。图像的像素数目可以用Photoshop的“图像大小”命令查出，并且可以改变（图3-7）。

一个像素占一个位置，用像素的方式来记录和存储，这类图像我们称为位图。位图是按像素排列的方式记录图像数据，例如扫描图、数码摄影和屏幕截图等，这些图像与图像源之间存在像素一一对应的关系。我们拍摄的照片色彩丰富，变化微妙，是无法简单地用轮廓或填充来记录的，因此，位图是记录照片的唯一选择。

图 3-6　Mac 电脑显示器的分辨率

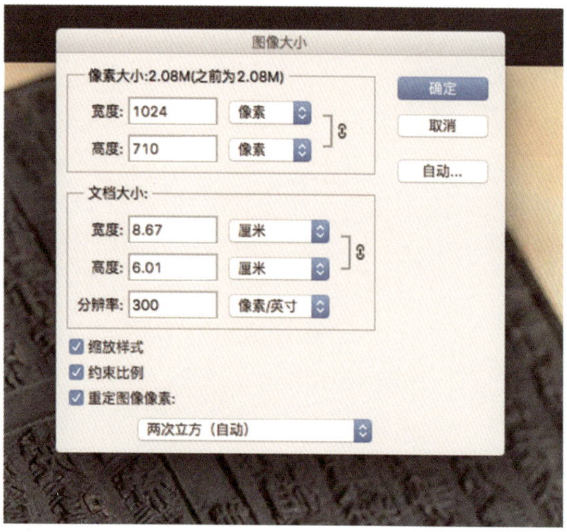

图 3-7　Photoshop 中的“图像大小”控制面板

PhotoShop是当前最典型最专业的位图编辑软件，它可以编辑处理位图的格式、分辨率、色彩模式等，是照片处理的最佳工具。本书的所有插图都经过了PhotoShop软件处理，包括调整文件格式、色彩模式、文件尺寸等，最后一一置入排版软件中完成书籍排版。PhotoShop软件中有大量专门针对印刷工艺而定制的内容，是印刷设计师必须要掌握的。

我们可以把位图想象成一个密度很大的网格，像素就是分布在上面的小格子，将图像放大到足够的倍数就可以清楚地看到（图3-8）。记录一个图像必须有很多的像素，网格越大，格子越密，记录的图像信息就越多，在PhotoShop中用“分辨率”这一术语来描述图像的清晰度。

分辨率是个专门用于位图的概念，反映了图像的精细程度。以图像上单位距离内的像素数目来反映图像的品质，一般以“像素/英寸”（pixels per inch）为单位，简写为ppi，也常常被简写为dpi（dots per inch）。ppi数值越大表示每英寸距离内排列的像素越多，也就是说这张网格的格子越小，反之亦然。

72dpi与300dpi的打印效果是不同的（图3-9），印刷通常要求分辨率达到300dpi以上，网页制作、多媒体制作等最终在屏幕上输出的工艺并不限制图

图 3-8　放大 1600 倍可明显见到像素

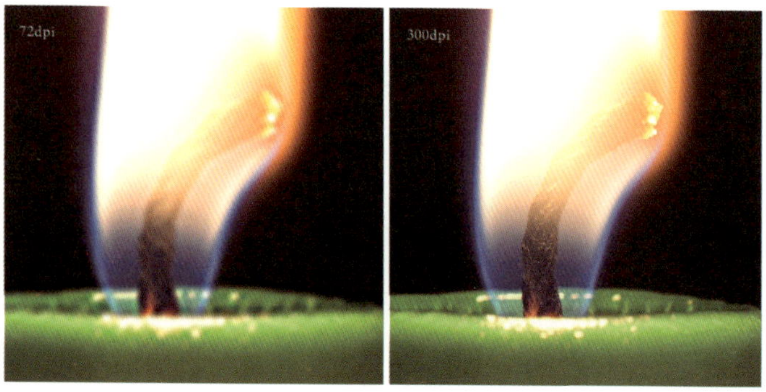

图 3-9　不同分辨率的打印效果

像的分辨率，但图像到了屏幕上会自动地以屏幕的分辨率显示，一般是72dpi或96dpi。

印刷对图像的质量要求是很高的，特别是对于高品质的商业印刷，对图像要求更是几近苛刻。除了色彩、色调以外，最基本的要求就是图像必须符合印刷所需的分辨率，只有达到分辨率要求的图像才能够通过印刷完美地表现。

我们知道，印刷品是通过细小的“网点”来表现图像的，不同大小、颜色的网点混合在一起，便组成丰富多彩的照片图像。网点越密，表现的图像细节越多。印刷技术中用线/英寸，lpi（lines per inch）为单位来描述网点密度，常被简称为“线”。

分辨率与印刷线数的关系是：分辨率=印刷线数×2

比如要在铜版纸上印刷175线的画册，电子文件中照片的分辨率必须保证为350（175×2）dpi。

3. 色彩模式与图像格式

我们在日常生活中看到的色彩无非是两个来源：色光和色料。像太阳光、灯光、电影、显示屏的色彩是来自色光，更常见的各种染料、涂料、颜料、油墨则属于色料。

现在我们知道色光实际上是电磁波，其波长不同而使人眼感觉到不同的色彩现象，比如波长在700nm（纳米）的电磁波能让人眼感觉到红色，550nm为绿色，450nm为蓝色（图3-10）。科学家还发现“色光三原色”为：红（Red）、绿（Green）、蓝（Blue），简称“RGB”其他颜色的光可以通过这三种色光混合调配得到，例如红光+绿光可以得到黄光。正是基于色光的这些原理，我们的电视机、显示屏才可以只通过三种色光来变化出万千色彩（图3-11）。

但是，我们画画时在调色板上使用的是另外一种配色系统——“颜料三原色”，分别是湖蓝、玫瑰红、柠檬黄，从理论上说，其他的颜色基本上能通过这三种颜料混合调配出来（图3-12）。印刷中使用的油墨配色和绘画的颜料类似，为“油墨三原色”：青（Cyan）、品红（Magenta）、黄（Yellow），为了配色更准确、色调更丰富，又加上黑色（Black）油墨，就有了CMYK印刷四色（不用字母B表示黑墨是为了防止与Blue混淆）。

图 3-10　色谱

图 3-11　色光三原色

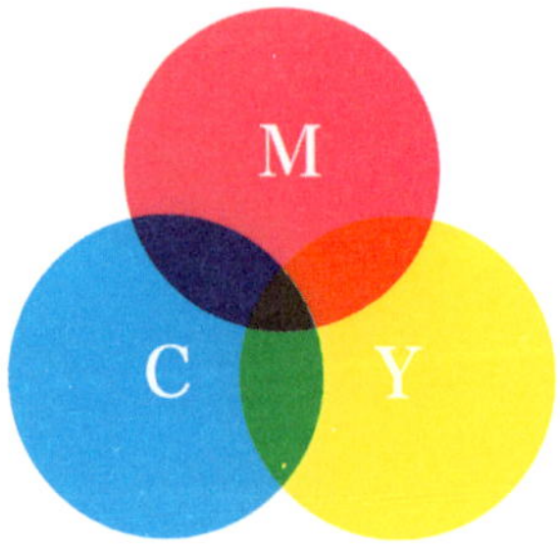

图 3-12　颜料三原色

我们已经知道，RGB表示的是色光，应用在与灯光、屏幕显示等相关领域；CMYK表示的是油墨，应用在与印刷相关的领域中。如果一张色彩模式是RGB的数码彩色照片要用油墨印刷的话，那么我们必须将它转化为CMYK的色彩模式，只有这样，照片上的色彩才能够按照印刷的模式分解成四个不同色版，最后通过印刷机四色套印重合准确地还原出来。（参见第二章相关内容）

支持印刷输出的色彩模式还有灰度（Grayscale）模式和黑白（Bitmap）模式。

图像格式是图像文件在存储时选择的格式。格式是电脑文件的数据编排方式，简单地说就是文件类型。不同的文件格式具有不同的数据存储方式，用途各不相同。

JPEG（.jpg）：是为图像压缩而设计的一种文件格式。是一种“有损失”的压缩格式，通过牺牲图片质量来节省存储空间，虽然损失了一些图像数据信息，但它将文件压缩到最小，给传输和应用带来便利，所以它广泛应用于分辨率不需要很高的网页、数字交互媒体等方面，但在印刷文件中不推荐使用此格式。

EPS（.eps）：印刷中常用的基本图像文件格式，位图和矢量图都可以使用，可以被大多数设计软件打开或置入，并且可以编辑修改，跨平台使用非常方便。

TIFF（.tif）：也是印刷中常用的图像文件格式，但主要用于位图，优点是不像jpg格式因为过于压缩会降低图像的质量，又比EPS格式节省存储空间。

GIF（.gif）：GIF图像只有256色，在印刷中基本无法使用。但有限的色彩却适合大多数以屏幕显示为主的图像，尤其是能够生成动态图像，在各类移动APP中被广泛应用。

4. 字体大小

字体大小的标示方法主要有号数制和点数制两种。

号数制是中文传统铅字排版字体的标示方法，按大小依次为初号、一号、二号、三号、四号、五号、六号、七号，共七级。号数越大，字体越小，最大字体为初号。

点数制是西方传统标示字体大小的方法，现已成为国际统一的文字标示制度。点数制用pt来作为计量单位，pt是point的缩写，中文译成“点”。1pt（点）= 1/72inch（英寸），等于0.3527毫米。“点”计算字体大小的单位转化关系如下：

1 inch（英寸）= 6 pica（派卡）
1 pica = 12 point（点）

现在pt（点）除了用来计量字体的大小外，还用来表示线的粗细。

第三节　实训项目一　食品包装盒的印前制版

1. 课程要求

（1）项目名称：食品包装盒的印前制版
（2）项目内容：曲奇饼干包装盒的印前制版
（3）项目时间：16课时
（4）训练目的：通过该课题的训练，充分了解常见包装盒的印前制版方法和要求，掌握一般规律及操作程序。

2. 实践程序

（1）设计构思

此款饼干定位是中档产品，主要面向大众市场和儿童消费者。由此确定设计风格，力求简练明确，真实可信，充满童趣，能够吸引儿童的视线。采用饼干实物照片为主要视觉元素，辅以卡通动物形象和童稚化的中英文字体，容量为90克。

（2）产品照片处理

根据事先设计好的包装效果图（图3-13），用数码相机对产品实物进行拍摄。然后将照片导入到电脑中，用PhotoShop打开照片文件对其进行技术处理（图3-14）。

将色彩模式转换为印刷油墨的CMYK模式：单击软件界面上部菜单命令【图像】→【模式】，勾选“CMYK颜色”（图3-15）。

图 3-13　包装盒效果图

设置尺寸和分辨率：单击菜单命令【图像】→【图像大小】(图3-16)，打开“图像大小”设置窗口，根据包装盒的大小需求，设定图像尺寸。此处要注意将左下角的三个选项“缩放样式”“约束比例”和“重定图像像素”全部勾选，这样在改变尺寸和分辨率时，能够保持图像原比例不变形。然后将宽度设为15厘米，高度会自动按比例调整，分辨率一定要设为300dpi(图3-17)。

根据设计方案，去掉背景：由于饼干照片是单纯的白背景，主体边缘很清晰，所以操作相对简单。从左侧工具箱选择“魔棒”工具(图3-18)；然后在白色

图 3-14　实物照片导入电脑

图 3-15　转换色彩模式

背景任意位置单击鼠标左键，建立选区，选中全部背景（图3-19）；为了使边缘自然柔和，需要对选区做一些修整，单击菜单命令【选择】→【修改】→【扩展】（图3-20），打开“扩展选区”设置窗口，设置“扩展量”为1像素，使选区稍大，压住一点饼干边缘，这样去背景以后不会留下白边（图3-21）；再单击菜单命令【选择】→【修改】→【平滑】（图3-22），打开“平滑选区”设置窗口，设置“取样半径”为1像素，使选区边缘平滑一些，没有毛刺（图3-23）；再一次单击菜单命令【选择】→【修改】→【羽化】（图3-24），打开“羽化选区”设置窗口，设置“羽化半径”为1像素，略微模糊选区边缘，

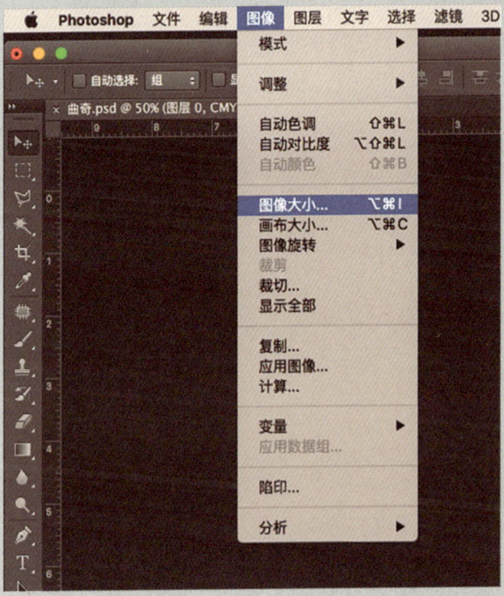

图 3-16　选择【图像大小】

图 3-17　设置照片尺寸和分辨率

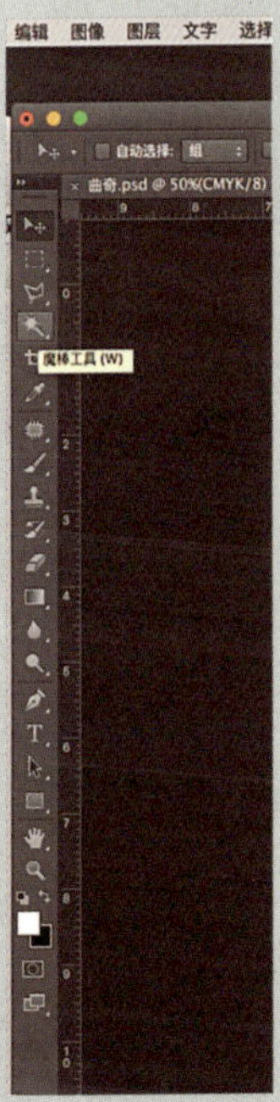

图 3-18　魔棒工具

图 3-19　建立选区

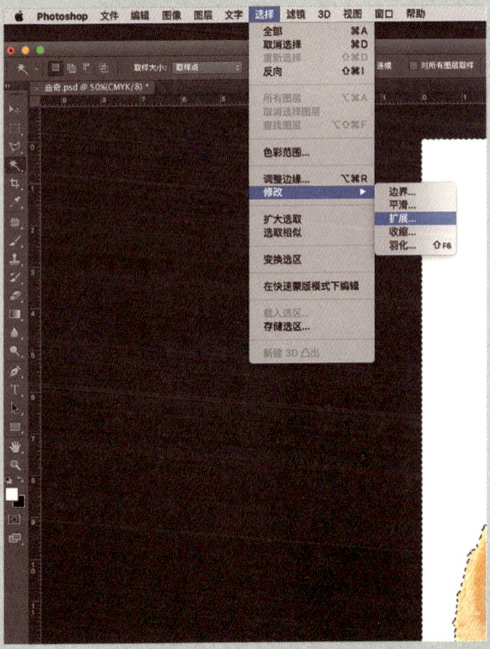

图 3-20　选择【扩展】

图 3-21 扩展选区

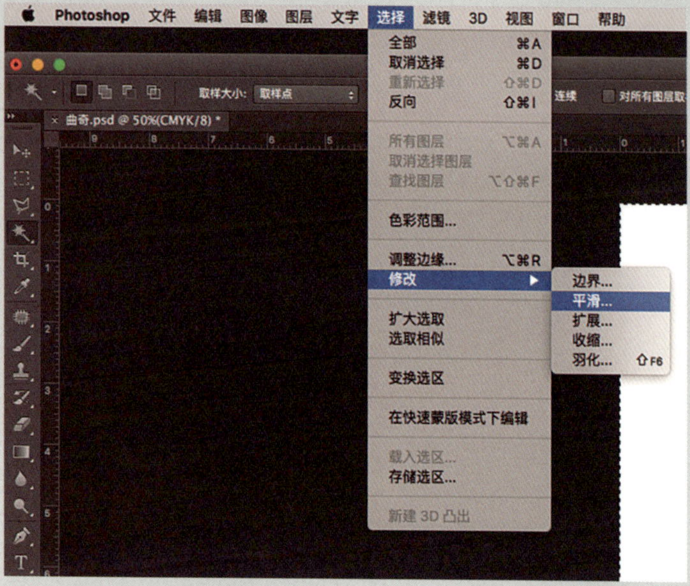

图 3-22 选择【平滑】

图 3-23 平滑选区

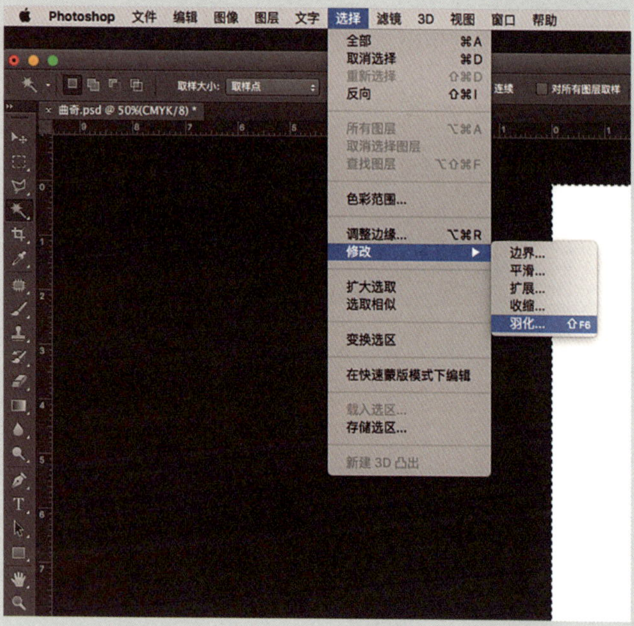

图 3-24 选择【羽化】

使其显得柔和不生硬（图3-25）；最后单击“Delete”键，删除背景，再单击菜单命令【选择】→【取消选择】，去掉选区（图3-26），得到透明背景的饼干照片（图3-27）。

调整色彩：单击菜单命令【图像】→【调整】→【色阶】（图3-28），打开“色阶”设置窗口，调整黑白灰滑块至合适的位置，使饼干的颜色看上去鲜艳饱和，让人产生食欲（图3-29）。

最后建立新文件夹，命名为“曲奇包装盒印刷版”，照片应存储为psd格式，保留透明背景，命名为“曲奇.psd”存到文件夹中备用（图3-30）。

图 3-25 羽化选区

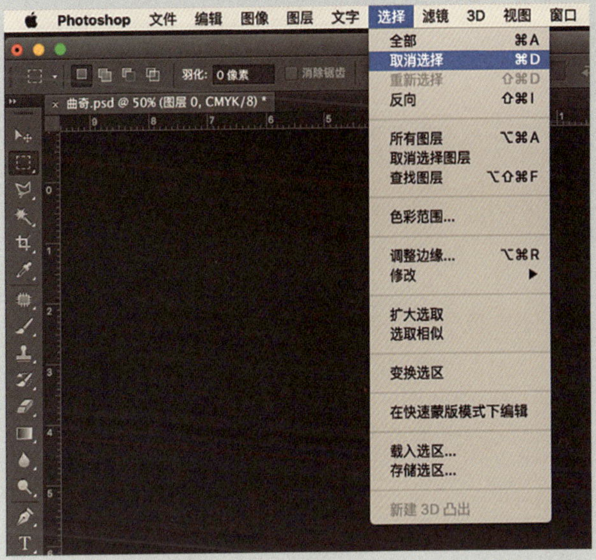

图 3-26 选择【取消选择】

图 3-27 透明背景的照片

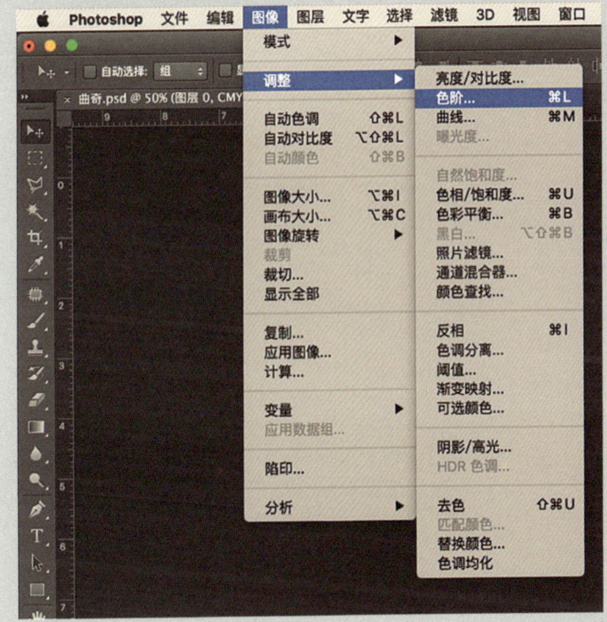

图 3-28 选择【色阶】

图 3-29 调整色彩

图 3-30 存储

（3）资料收集归档

在开始编排组版之前，根据设计方案，把制作该包装盒需要使用的照片、商标、插图、条形码、文字等所有内容，统一存放到已经建好的“曲奇包装盒印刷版”文件夹里，便于后面使用和管理，避免出现差错，这是印刷设计师应该养成的职业习惯（图3-31）。

（4）编排组版

制作包装盒的印刷文件，实际上就是制作一个单页的平面展开图，印刷完成之后再折叠、粘贴成包装盒。对于这种单页的印刷文件，用Adobe Illustrator软件进行编排组版是最方便的。

首先要确定印刷品的规格与尺寸，对印刷设计师来说，这也是必须要养成的职业习惯。规格包括文件页面规格和包装盒本身的规格。此包装盒展开尺寸为280mm×20.5mm（印刷文件通常以“毫米”为单位），约为大度16开，按照纸张的开度，我们设定一个大度4开(570mm×420mm)的版面，文件命名为“包装盒组版”，页面文件设定如下（图3-32）。

在新建的版面上，根据事先确定的包装盒尺寸：长200mm、宽60mm、高40mm，从左侧工具箱选择钢笔工具，绘制出包装盒的结构线，设置描边粗细为1pt（图3-33、图3-34），默认颜色为黑色。结构线反映的是包装的尺寸关系，是图文编排和排大版时把握尺寸规格的重要依据。但同时，结构线是制版时的辅助参考线，不需要也不能被印在最终成品上面，因此必须用一个印刷四原色CMYK以外的色彩来设定它。先选中全部画好的结构线，在“色板”选择窗口右上角单击下拉菜单，选择“新建色板”，弹出设置窗口，命名为“结构线”，颜色类型选择“专色”（图3-35、图3-36）。然后单击菜单命令【窗口】→【属性】（图3-37），打开“属性”设置窗口，将其属性设定为“叠印描边”，使结构

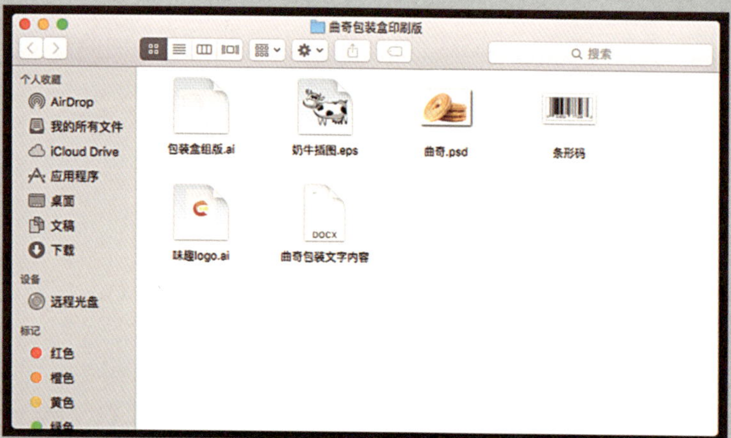

图 3-31　收集到指定文件夹

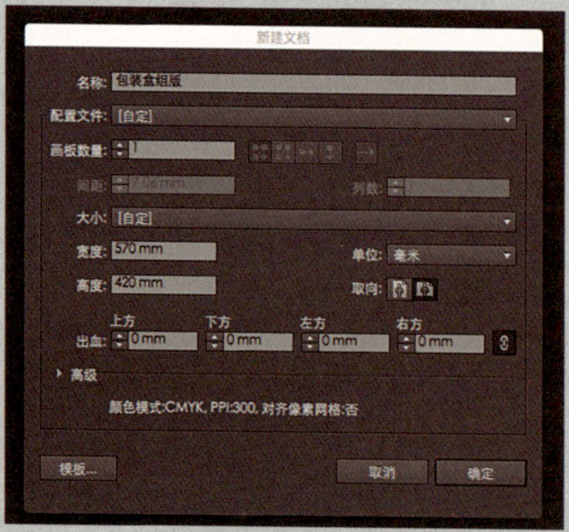

图 3-32　设定版面

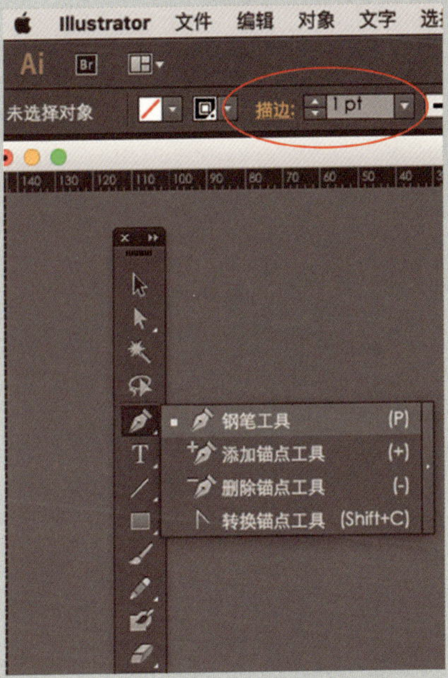

图 3–33 选择钢笔工具

图 3–34 绘制结构线

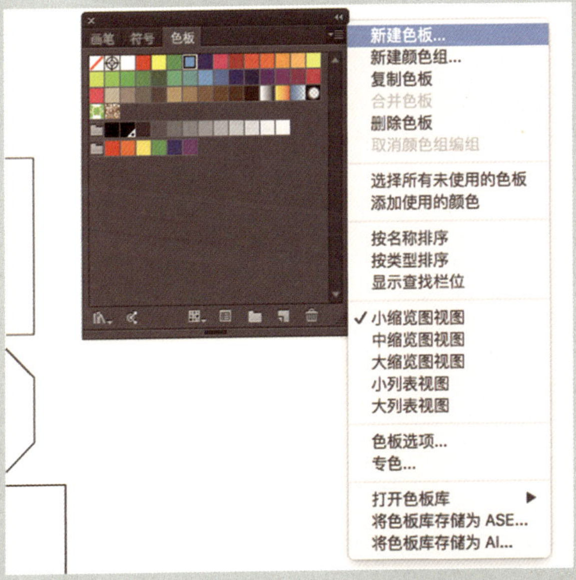

图 3–35 选择【新建色板】

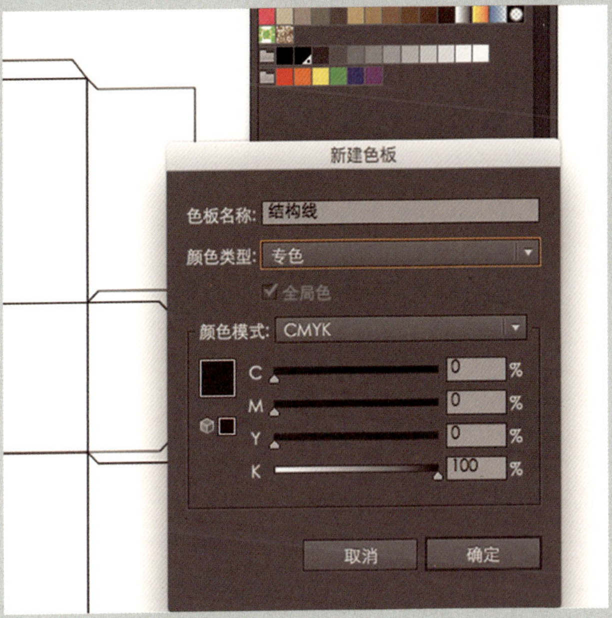

图 3–36 设置专色

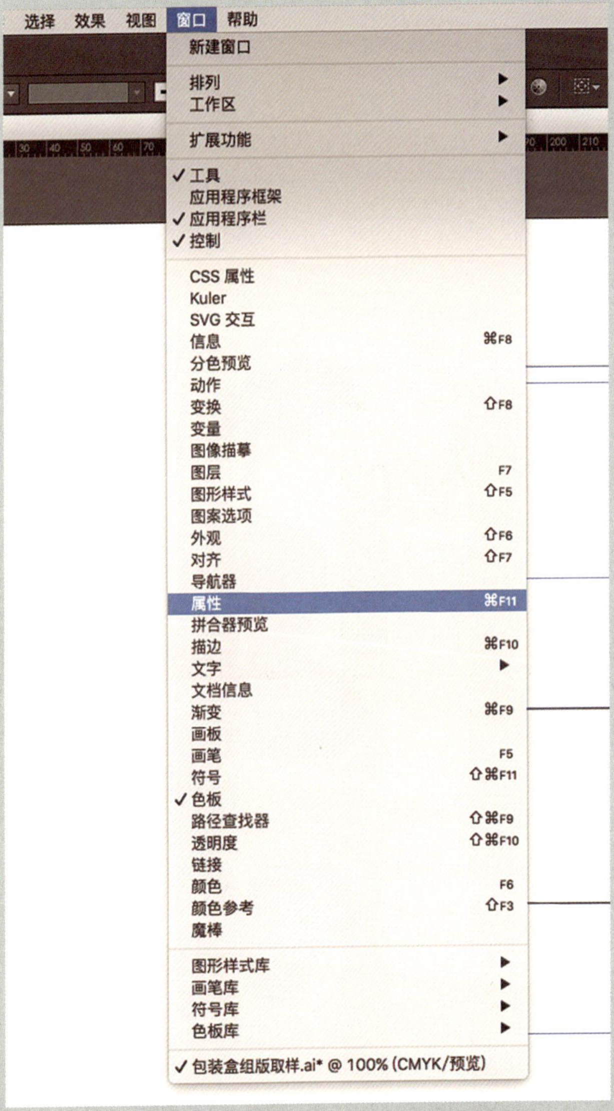

图 3–37 选择【属性】

线不影响实际图文内容的印刷（图3-38）。

结构线绘制完成后，便可根据设计方案开始图文编排。首先绘制出橙色背景部分，从左侧工具箱选择矩形工具（图3-39），绘制出矩形背景；将色值设定为C:0、M:50、Y:100、K:0，此处注意一定要画出背景色的“出血”部分，避免裁切之后出现白边。重点如图中绿色虚线所示区域（图3-40），其他裁切边缘已经位于出血范围内，可以忽略不计。

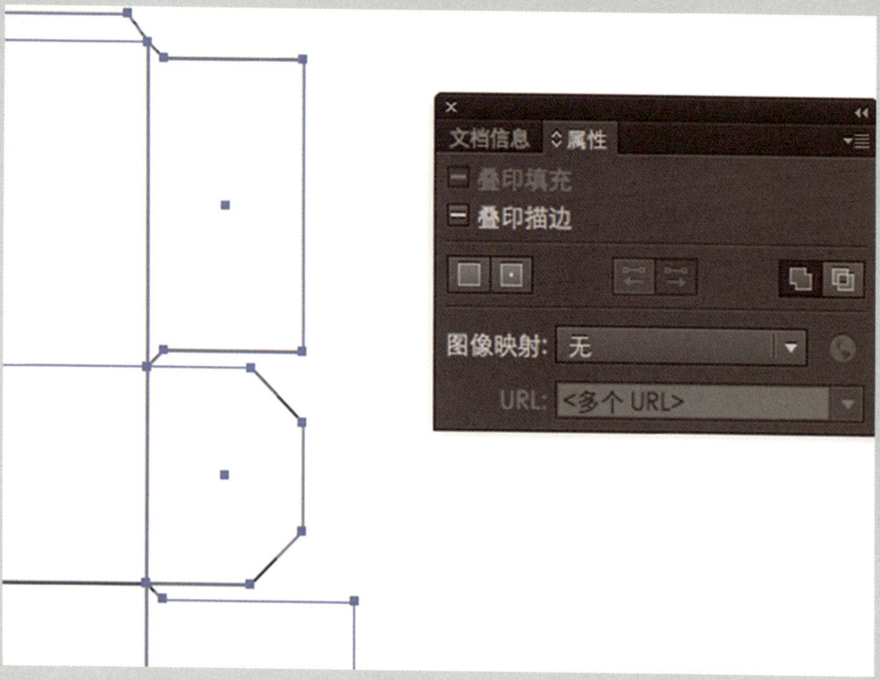

图 3-38　设置叠印描边

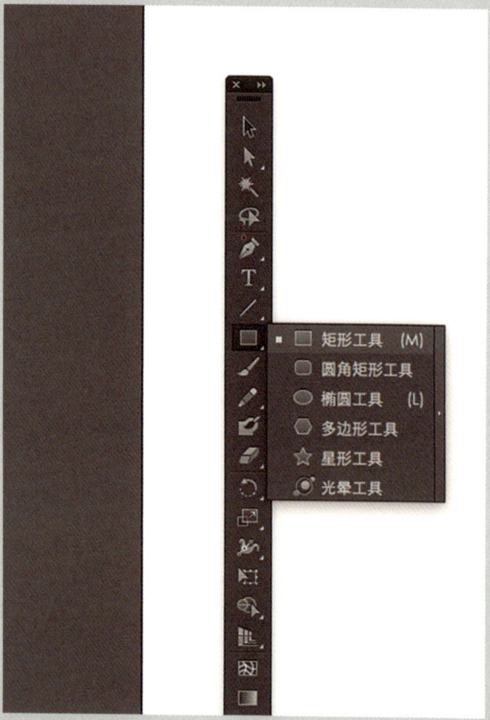

图 3-39　选择矩形工具

图 3-40　绘制背景色

从左侧工具箱选择椭圆工具（图3-41），按住“Shift”键，锁定比例不变，在底色上居中位置绘制一个正圆（图3-42）；再从工具箱选择渐变工具，双击鼠标左键，弹出“渐变”设置窗口，在“类型”下拉菜单中选择“径向”（图3-43~图3-45）；然后双击下面渐变条右端的滑块，弹出颜色设置窗口，将“M”值设为60%、“Y”值设为100%（图3-46）；继续双击渐变条左端的滑块，在设置窗口中将“Y”值设为100%，用渐变颜色绘制好圆形部分（图3-47）。

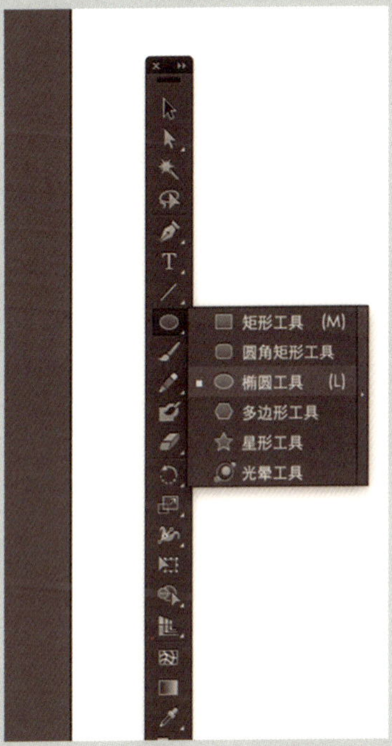

图 3-41　选择椭圆工具

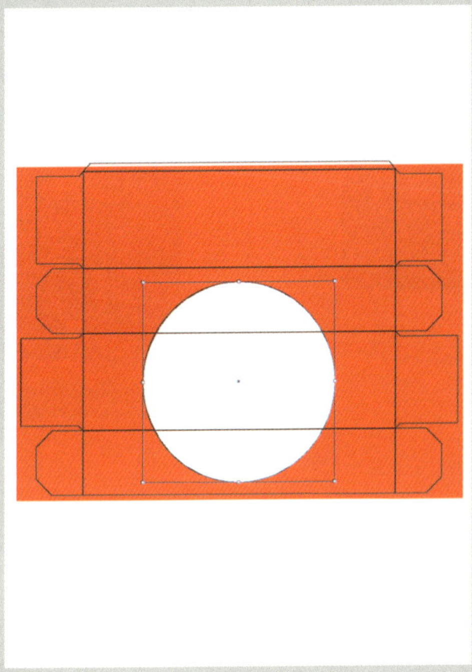

图 3-42　绘制一个正圆形

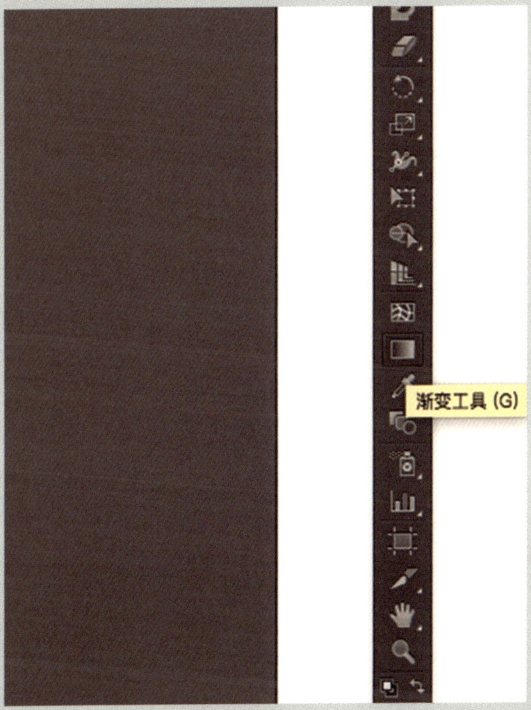

图 3-43　选择渐变工具

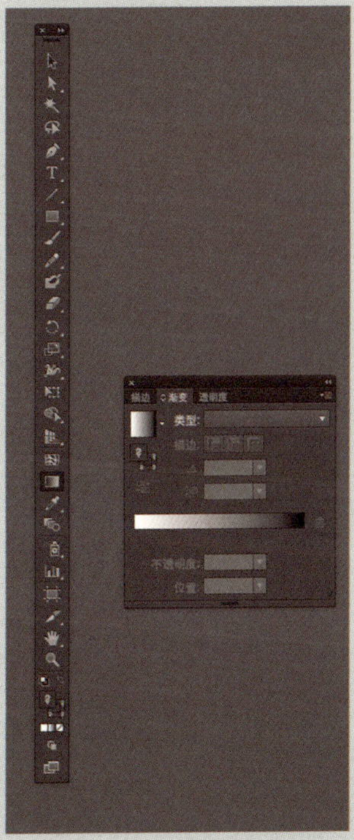

图3-44　“渐变”设置窗口

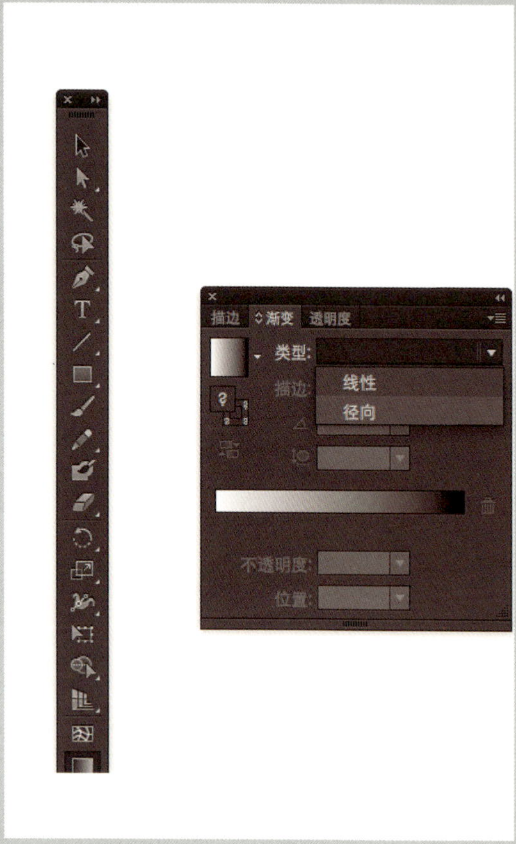

图 3–45 选择渐变类型为“径向”

图 3–46 设置右端滑块色值

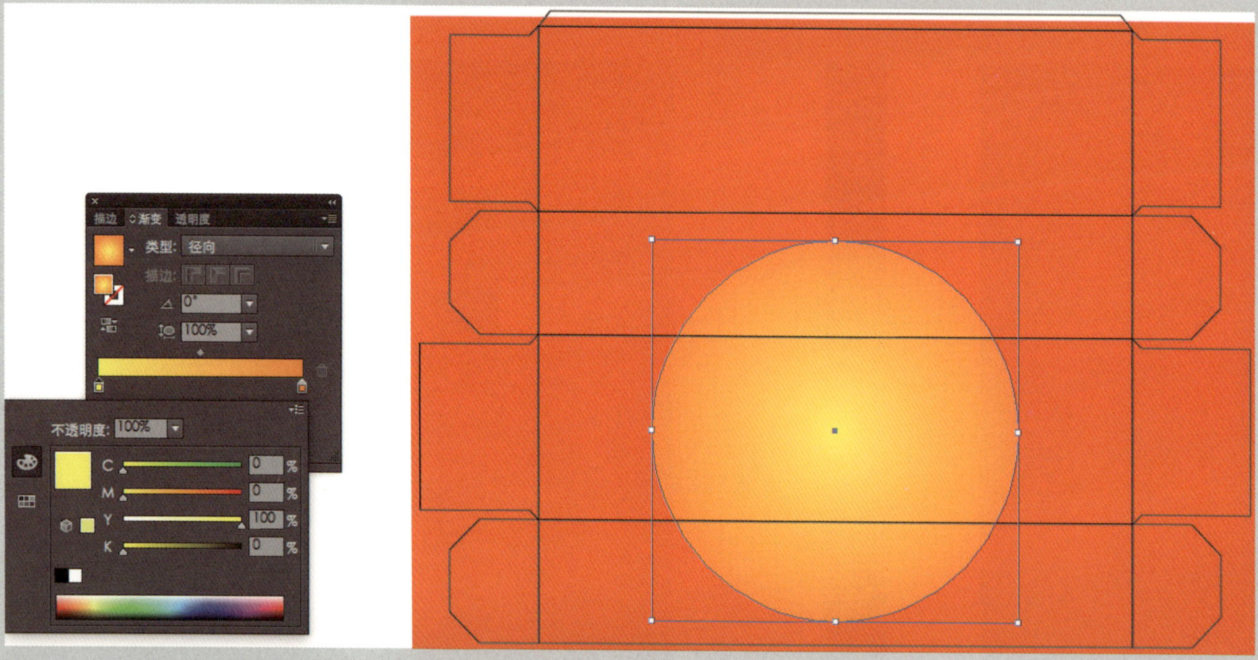

图 3–47 设置左端滑块色值

置入产品照片，单击菜单命令【文件】→【置入】(图3-48)，弹出置入设置窗口，打开“曲奇包装盒印刷版”文件夹，选择“曲奇.psd”，单击左下角“置入”按钮，将产品照片置入(图3-49、图3-50)。根据设计方案，按住“Shift”键，将照片按比例缩小，移动到合适的位置(图3-51)。

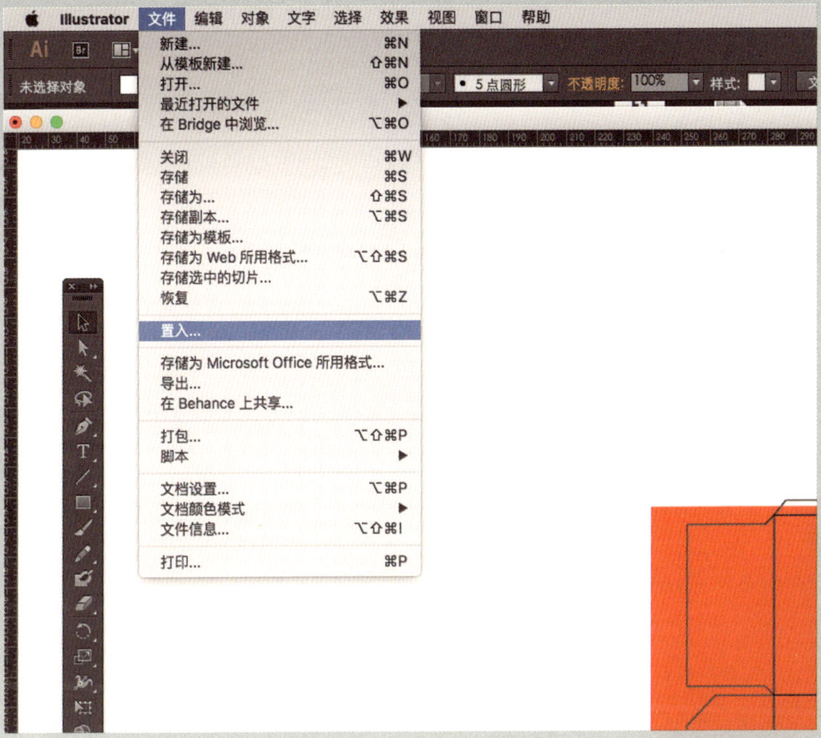

图 3-48　选择【置入】命令

图 3-49　选择“曲奇 .PSD”

图 3–50 置入产品照片

图 3–51 缩小照片并移动至合适位置

用同样的步骤，置入奶牛插图，单击菜单命令【文件】→【置入】，在置入设置窗口中打开“曲奇包装盒印刷版”文件夹，选择“奶牛插图.eps”，将奶牛插图置入（图3–52）；按住“Shift”键按比例缩小，移动到合适的位置，单击鼠标右键，在快捷下拉菜单中选择【排列】→【后移一层】（图3–53），

图 3-52　置入奶牛插图

图 3-53　选择“后移一层”

将奶牛插图置于圆形的后面（图3-54）；单击菜单命令【窗口】→【透明度】（图3-55），弹出透明度设置窗口，在左侧“混合模式”下拉菜单中选择“正片叠底”（图3-56），使奶牛融入背景色（图3-57）；从左侧工具箱选择矩形工具，在如图所示位置绘制一个矩形框（图3-58），按住“Shift”

图 3-54　置于圆形后面

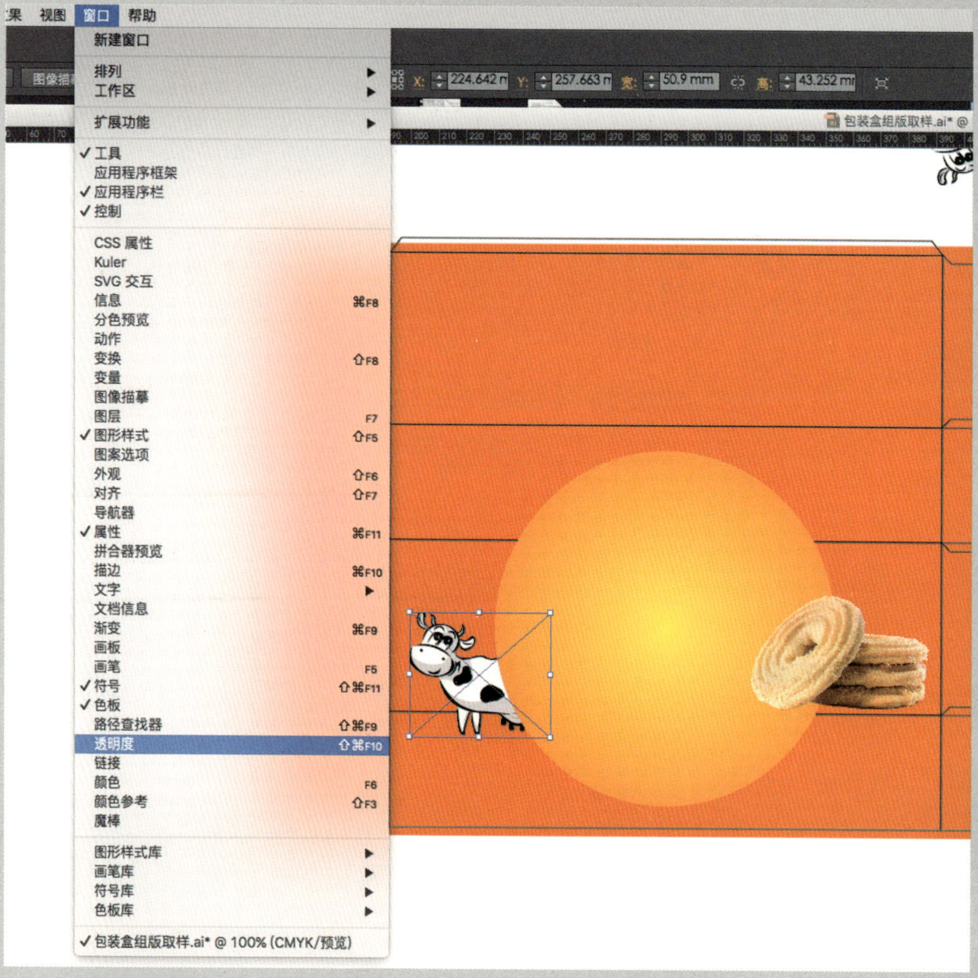

图 3-55　选择【透明度】

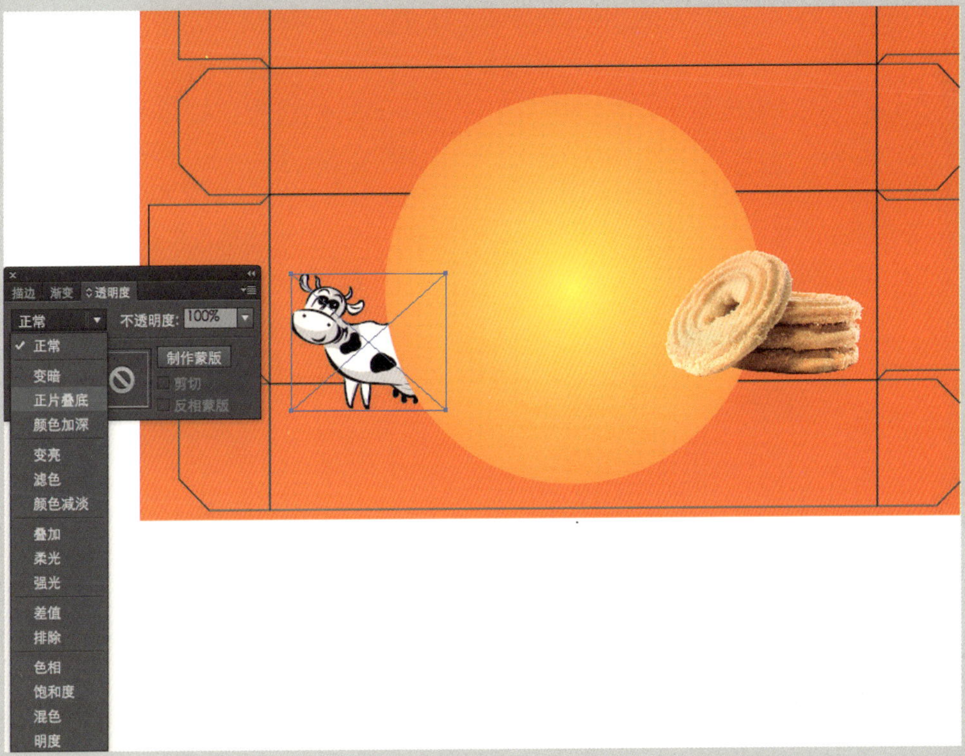

图 3-56 选择“正片叠底”

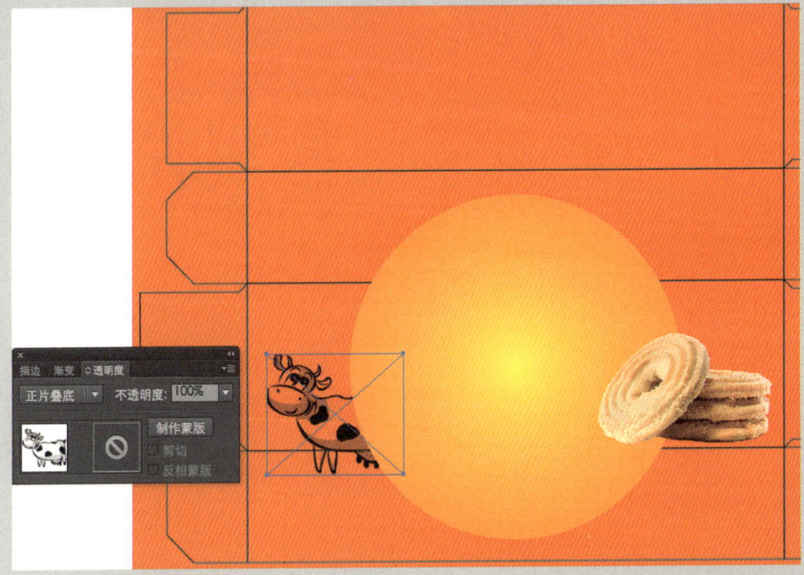

图 3-57 奶牛插入融入背景色

图 3-58 绘制矩形框

键，将矩形框和左侧的结构线同时选中，点击上方状态栏中的“下对齐”快捷按钮，使矩形框的下端对齐边线（图3-59），再按住“Shift”键，将矩形框和奶牛插图同时选中，单击鼠标右键，在快捷下拉菜单中选择【建立剪切蒙版】（图3-60），隐藏插图多余部分（图3-61）；从左侧工具箱选择镜像工具（图3-62），双击弹出镜像设置窗口，选择“垂直”，“角度”默认“90。”，点击“复制”按钮，将奶牛插图镜像复制，移动到合适的位置（图3-63~图3-65）；选择新复制的奶牛插图，再次双击镜像工具，在镜像设置窗口中选择“水平”，点击“复制”按钮，将奶牛插图再次复制，移动到相反位置（图3-66、图3-67），要注意上侧面的奶牛与纸盒左端的距离，跟下侧面的奶牛与纸盒右端的距离相同。

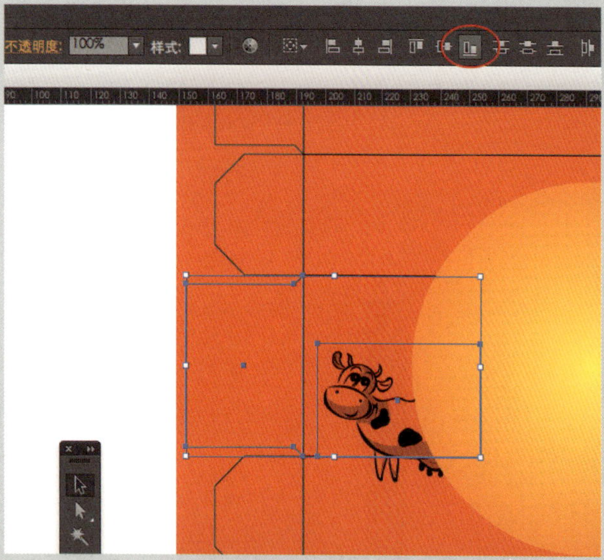

图 3-59　矩形框下端对齐边线

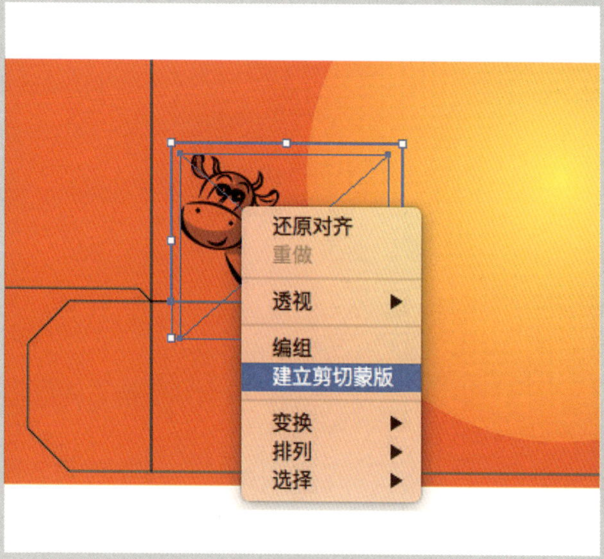

图 3-60　建立剪切蒙版

图 3-61　隐藏插图多余部分

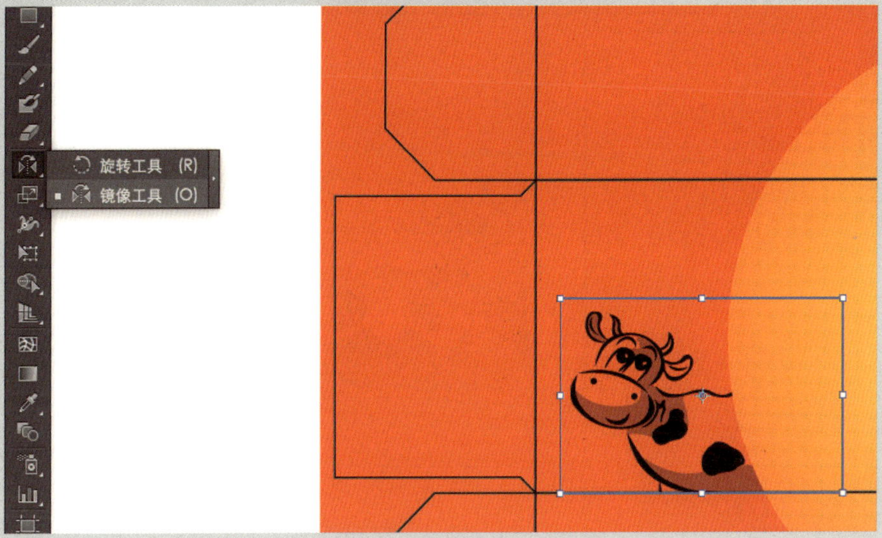

图 3-62　选择镜像工具

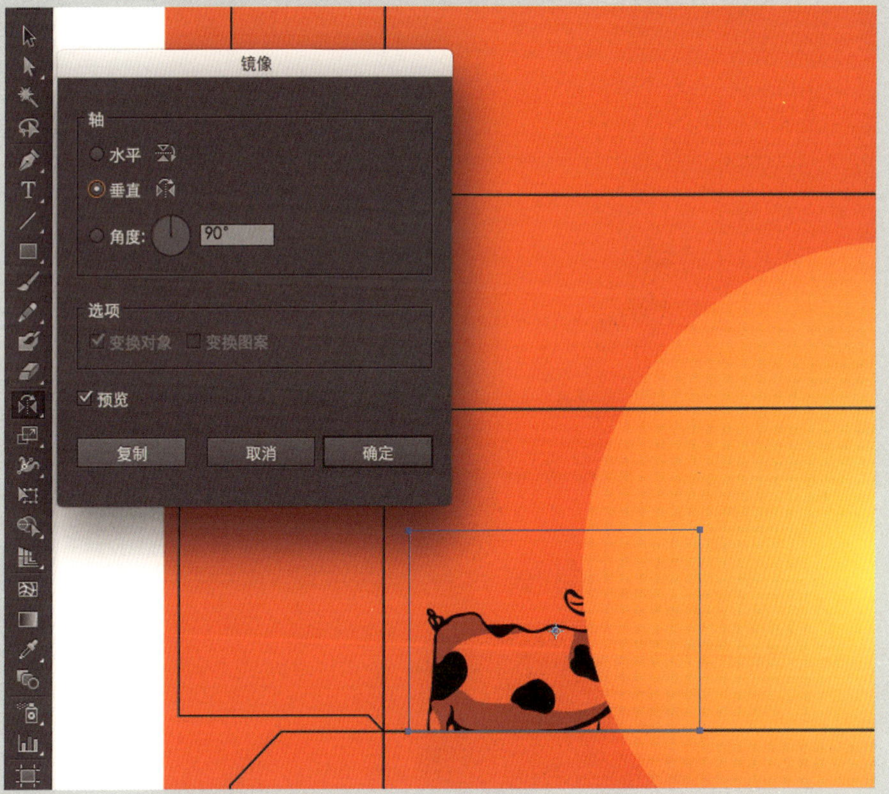

图 3-63　镜像设置窗口

图 3-64 镜像复制奶牛插图

图 3-65 移动到合适的位置

图 3-66 选择水平镜像复制

图 3-67　奶牛插图排版完成

图 3-68　选择“味趣 logo.ai”

接下来置入产品商标，单击菜单命令【文件】→【置入】，在置入设置窗口中打开“曲奇包装盒印刷版”文件夹，选择“味趣logo.ai”，将商标置入（图3-68、图3-69），按住“Shift”键按比例缩小，移动到纸盒正面右上角（图3-70）；单击菜单命令【窗口】→【图形样式】（图3-71），弹出图层样式设置窗口，选择“投影硬化”，给商标加上阴影效果，使之更醒目一些（图3-72）；运用前面学到的方法，把商标复制四个，分别放置到纸盒的其他四个面，注意方向不要弄错（图3-73）。

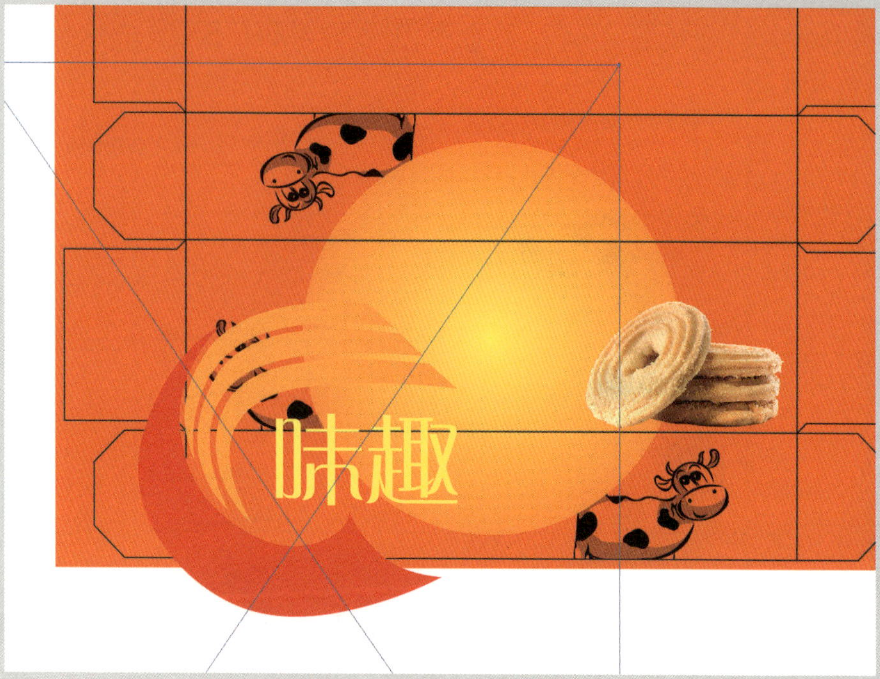

图 3-69　置入产品商标

图 3-70　按比例缩小

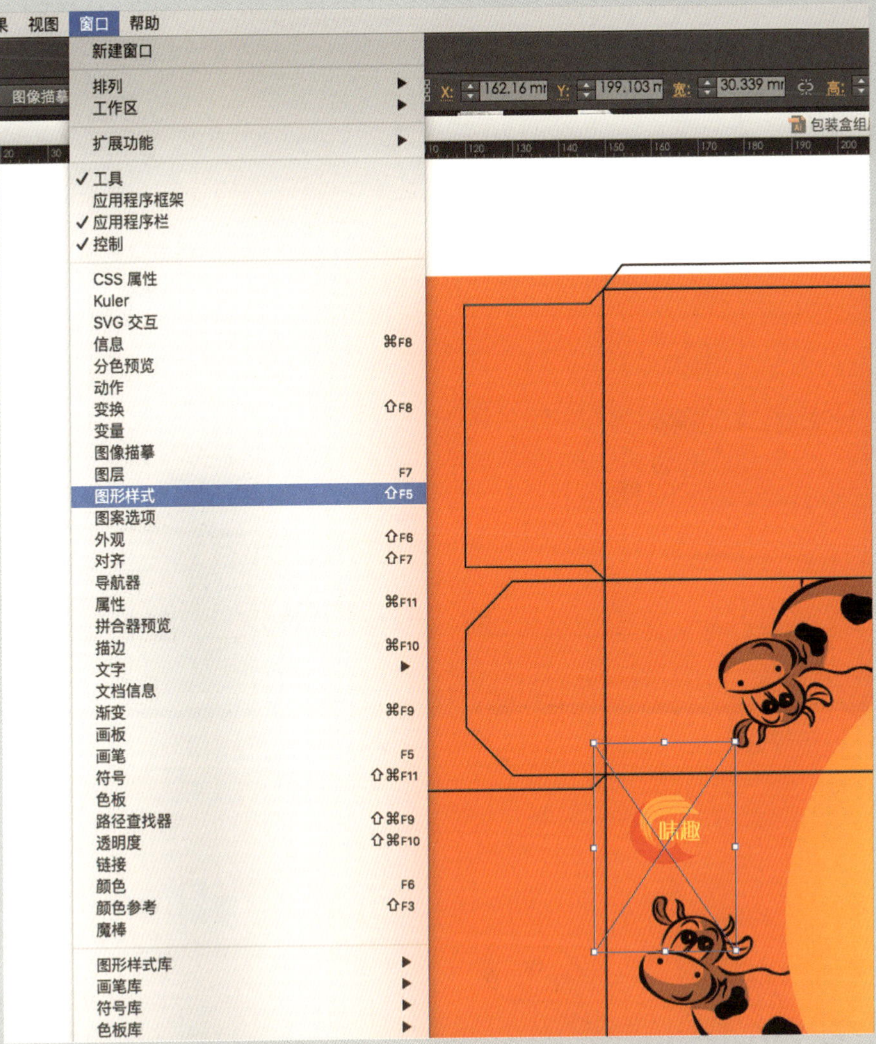

图 3–71 选择【图形样式】

图3–72 选择“投影硬化”，给商标添加阴影效果

图 3-73　产品商标排版完成

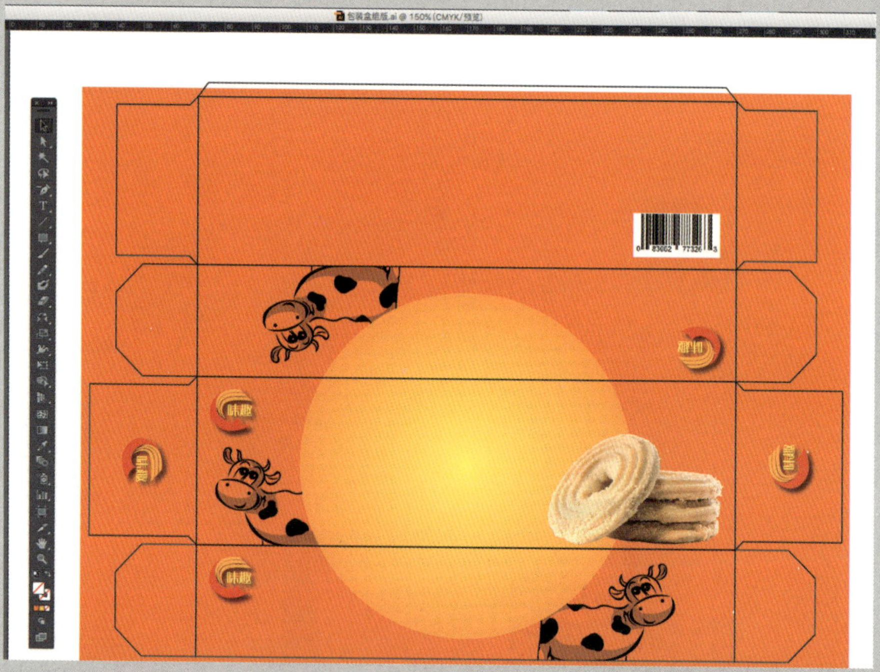

图 3-74　置入条形码

最后按照前面的步骤，置入条形码，按比例缩小，放置到纸盒底面的右下角（图3-74）。置入所有的图形元素以后，要精确各自的相对距离和尺寸，不可凭感觉随意地摆放，这又是一项印刷设计师要具备的职业习惯。尤其要注意包装盒不同的部分在折叠之后，视觉方向的变化，避免出现差错。

接下来编排文字内容，从最醒目的产品名称开始：从左侧工具箱选择“文字”工具，在中间圆形上单击鼠标，出现闪动的光标之后输入“奶油曲奇”（图3-75、图3-76）；将文字全部选中，在上方状态栏“设置字体”下拉菜单中选择“娃娃体-简”（图3-77），在“字体大小”下拉菜单中选择“72pt”（图

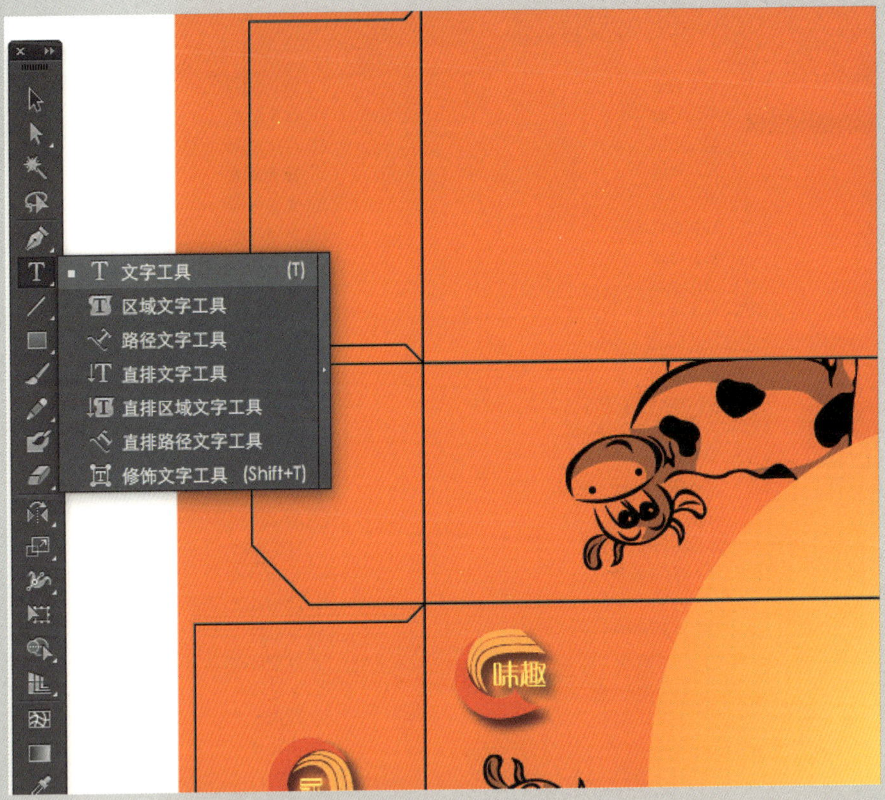

图 3-75 选择文字工具

图 3-76 输入文字

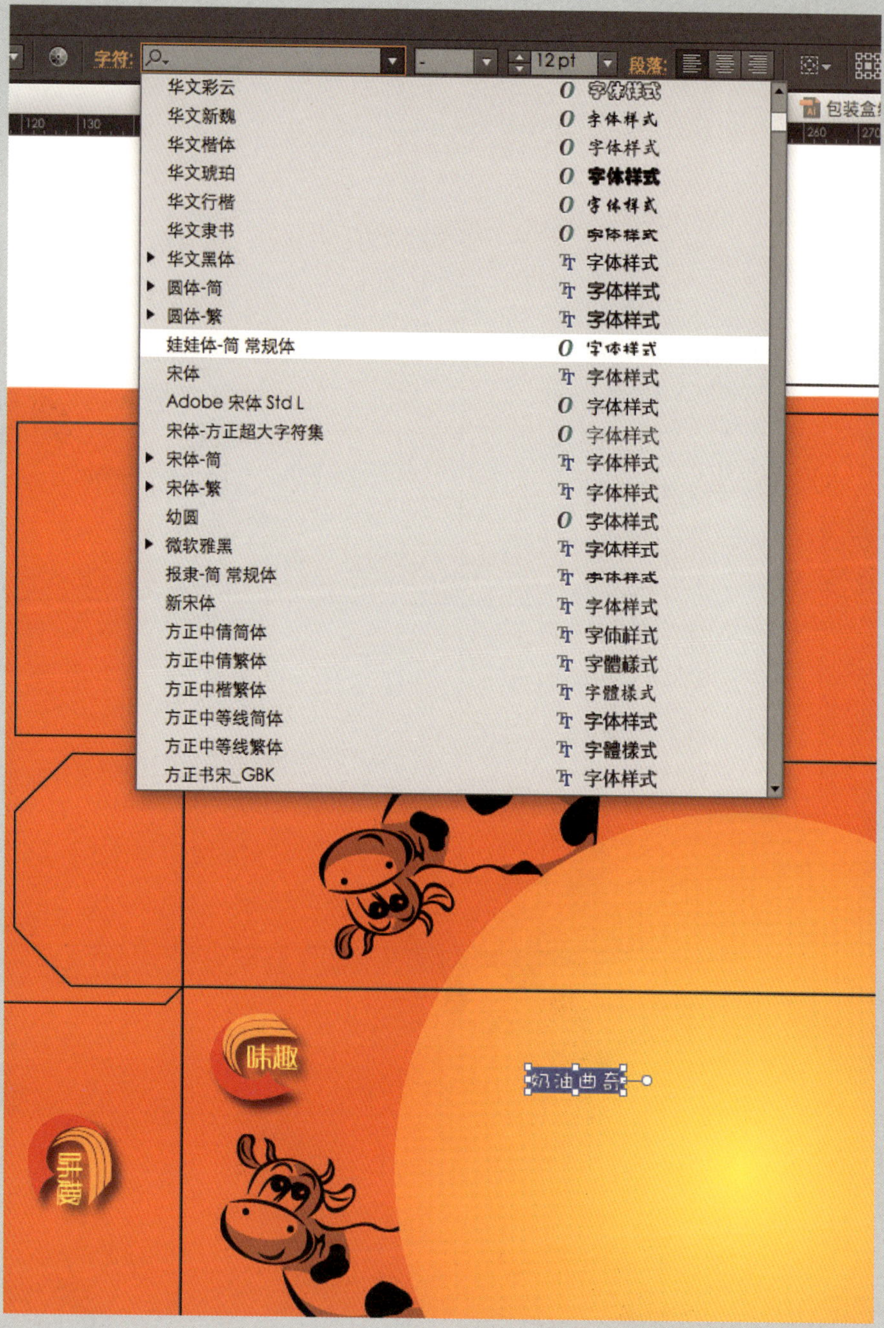

图 3-77　选择字体

3-78)，移动到合适的位置；然后按“Ctrl+C”“Ctrl+V”键，将文字复制(图3-79)，选中复制的文字，在状态栏左端的“色板”下拉选项中选择第一行的大红色，改变文字颜色(图3-80)，移动到原来黑色文字的上方稍偏移一些(图3-81)；继续选择“文字”工具，在“奶油曲奇”下方输入英文“BUTTER COOKIES”，字体还是“娃娃体-简”，大小设为“29pt”，颜色为黑色(图3-82)。最后将中英文产品名称复制两次，按比例缩小后，分别放置于上下两个侧面，注意方向不要弄错(图3-83)。再次选择“文字”工具，在纸盒正面右上角输入“净含量：90克”，字体选择“微软雅黑”，大小设为“10pt”，颜色为白色(图3-84)。单击菜单命令【文件】→【置入】，在置入

图 3–78　设置字体大小

图 3–79　复制文字

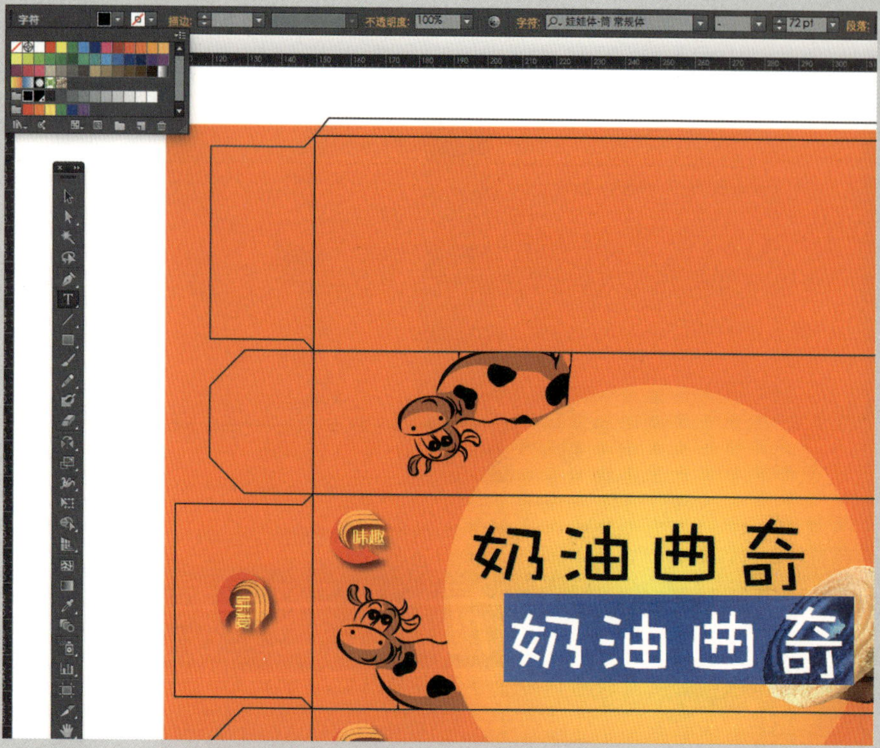

图 3-80 设置文字颜色

图 3-81 移动至合适的位置

图 3-82 输入英文

图 3-83 复制产品名称

图 3-84 输入“净含量”

设置窗口中打开“曲奇包装盒印刷版”文件夹，选择文本文件“曲奇包装文字内容”，点击“置入”按钮（图3-85），弹出“Microsoft Word选项”窗口，将选项全部勾选，点击“确定”按钮，置入产品说明文字（图3-86、图3-87）。将文本框移动到纸盒底部，调整到合适大小，宽度约为纸盒宽度的一半，文本框右下角会出现一个红色“+”符号，这是文本溢出标识，提示框内的文字内容没有全部显示（图3-88），点击红色“+”符号，在右侧空间单击鼠标，会自动生成另一个文本框，里面的文字是从第一个文本框“溢出”的，两个文本框由一根蓝色“链条”联结，表示框内的文字是联动的，如果一个发生

图3-85　选择“曲奇包装文字内容”

图 3-86　将选项全部勾选

变化，另一个也会随之改变（图3-89）。选中第一行文字“品名：……”，字体选择“微软雅黑”，大小设为“12pt”，颜色为黑色（图3-90），选中其余文字，字体选择“微软雅黑”，大小设为“9pt”，颜色为黑色（图3-91），这时溢出的两行文字也显示在文本框中，不要忘记将它们的字体和大小与前文统一，红色“+”符号不再出现，说明全部文字都已显示，最后再设置一些空行对内容进行区分，调整两个文本框的大小和位置，说明文字的排版就完成了（图3-92）。

至此，我们就完成了整个包装盒的图文编排工作（图3-93）。

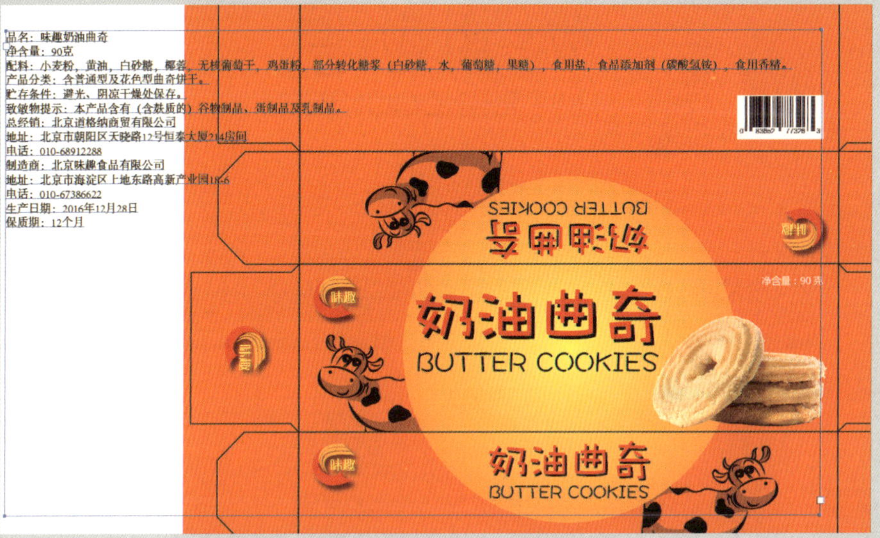

图 3-87　置入产品说明文字

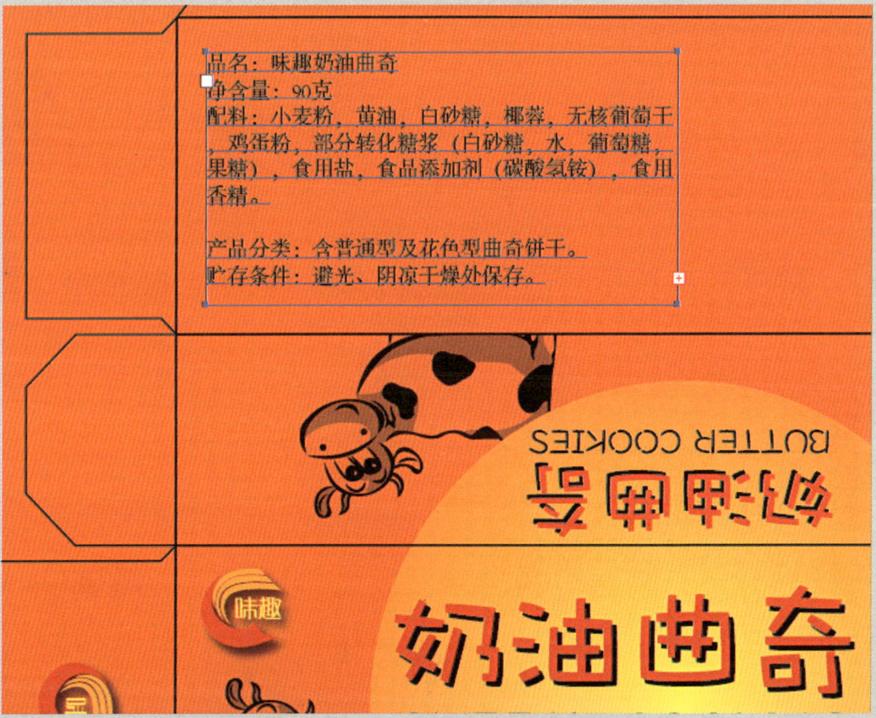

图 3-88　调整文字框大小

图 3-89　设置文字分栏

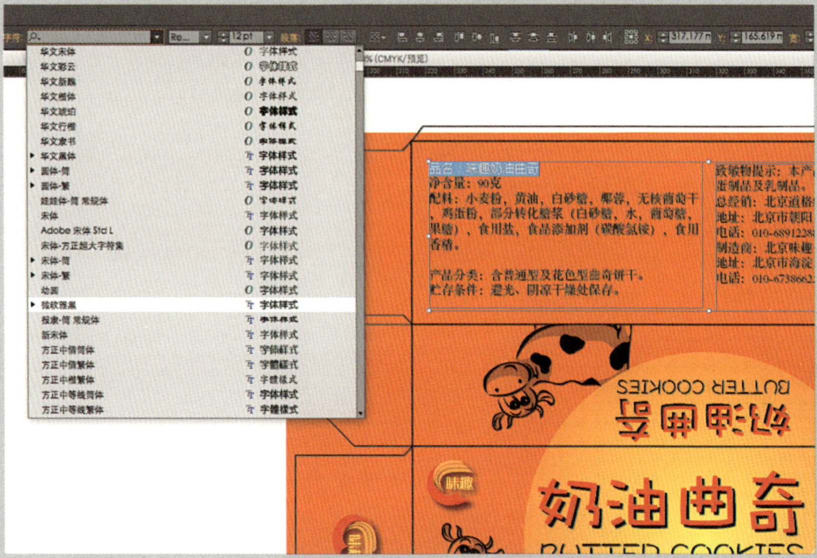

图 3-90　选择字体、设置大小

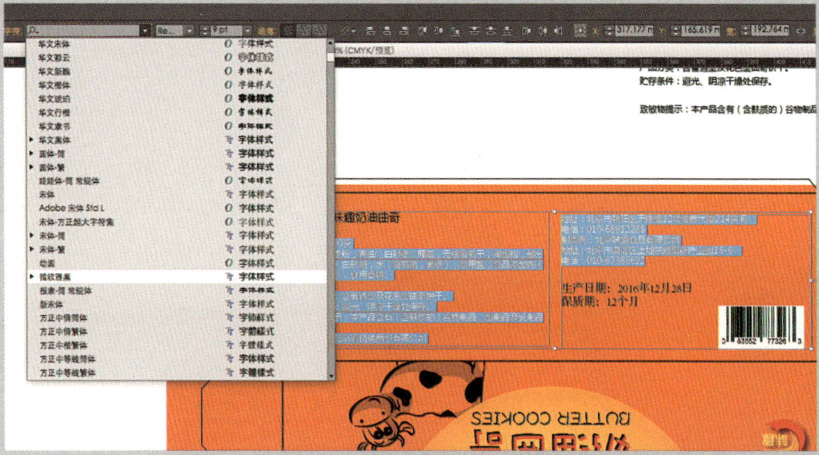

图 3-91　选择字体、设置大小

图 3–92　说明文字排版完成

图 3–93　包装盒组版完成

（5）拼大版

对于一些幅面较小的印刷品，在印刷厂里往往会把多个幅面拼在一起，组成一个大版来印刷，这样既适应印刷机和纸张的开度，又可以提高产量。通常的书本、画册等产品，因为规格相对统一固定，它们的拼大版工作可以通过专门的拼版软件轻松完成。包装盒结构较为复杂（上文中我们实训的包装盒结构是非常简单的一种），就需要操作者根据实际情况灵活处置。

在刚刚完成的版面上，按“Ctrl+A”键，将单个包装盒的所有部分选中，单击菜单命令【对象】→【编组】，把它们锁定在一起，以便在后续的操作中不会有遗漏（图3–94）。然后把包装盒复制三个，平铺在4开纸的版面上。复制和移动时需注意保持包装与包装之间的距离至少为3mm左右。否则不易制作冲切刀版，距离太大将造成纸张的浪费。有些精确的大版，可以通过数据计算来控制距离（图3–95）。

图 3–94 设置编组

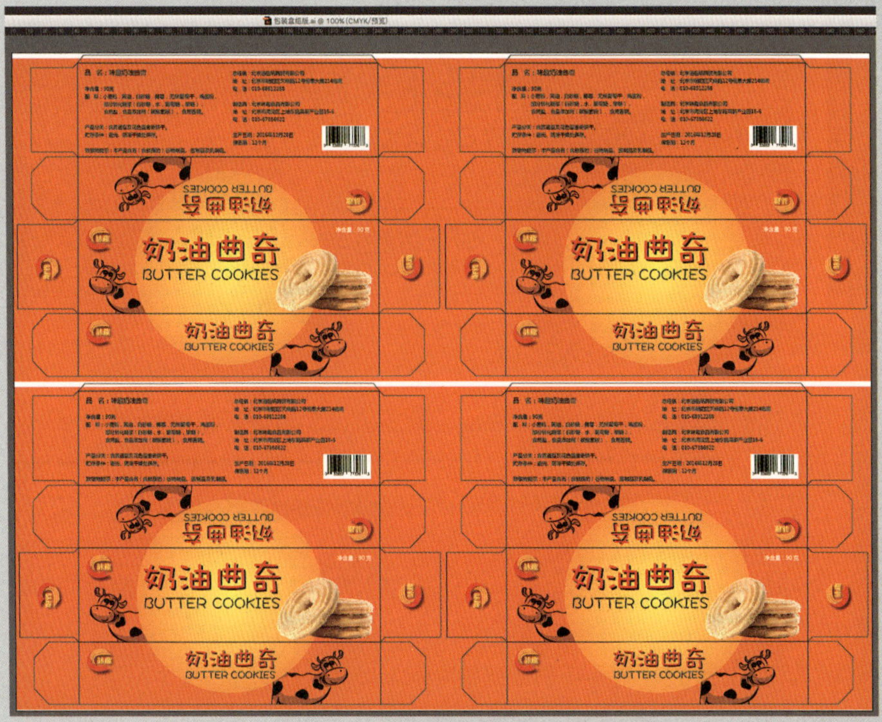

图 3–95 拼大版

最终输出时，要将“曲奇包装盒印刷版”这个文件夹里的所有文件一并带上。以备需要修改或出现意外问题的时候查找使用。

最后建议将文件另存一个PDF格式的备份。这是因为有的输出部门不一定装有Illustrator软件，或者因软件版本不一致导致打开文件时出现问题。另外还可能会发生图片或字体缺失的情况。PDF格式文件小，不需要图片链接和携带字体，整合性和兼容性都很好，是输出打印时最理想的文件格式。

第四节　实训项目二　多页面印刷品的排版制作

1. 课程要求

（1）项目名称：多页面印刷品的排版制作
（2）项目内容：某机构宣传册的排版制作
（3）项目时间：32课时
（4）训练目的：通过该课题的训练，充分了解常见多页面印刷品的排版制作方法和要求，掌握一般规律及操作程序。

2. 实践程序

我们之前的实训项目是用Adobe Illustrator进行的图文排版练习。作为一款矢量图形软件，应该说Illustrator在处理单一页面印刷品的基本排版中还是可以胜任的，然而对于一些图片较多，或者有大量文字内容、多页面的项目，比如书籍、画册等，就会显得力不从心了。这时，Adobe公司的另一款软件——InDesign，无疑是最好的选择。InDesign是一款专业的排版软件，它能够完全胜任印刷出版的任何技术需求。无论是文字、图形、图表、图像，都具有出色的处理能力。特别是InDesign的预检和打包功能，使链接图文件、字体、分色等内容的文档检查变得异常轻松，最值得称道的是它与国际标准PDF文档的良好交互性，将文件的设计、排版、打印、输出、数码印刷、电子发布等多种任务整合一体。InDesign的诸多功能代表了数字化印刷与出版的未来，是印刷设计师必须熟练掌握的工具软件。

（1）原稿处理

印刷品的原稿包括有：文字稿、数码照片、印刷品图片、矢量图、截屏图等。文字稿可以在Word中输入成电子文本。图片形式较为多样，其中印刷品照片扫描时需要进行“去网纹”处理。位图文件都要设定为“CMYK”色彩模式，分辨率为300dpi，存储为tif格式。矢量图在Illustrator中绘制好，存储为ai或者pdf格式文件，可直接置入到InDesign中使用。文件要按照一定的序列编号，命名时最好能简明扼要地体现图片内容，便于查找。最后建立名为“宣传册用图”的文件夹，把所有图片文件放在里面（图3-96）。

这一步是耗时较长的工作，无论是文稿的撰写还是图片的处理，都需要花费大量的时间。但一定要细致耐心地完成，不可出现差错。

（2）资料收集归档

跟上个实训项目一样，在进行宣传画册的排版制作之前，根据设计方案，把需要使用的“宣传册用图”文件夹和文字稿等所有内容，统一存放到新建好的“宣传册印刷版”文件夹里（图3-97）。

（3）新建InDesign文档

在InDesign界面上单击菜单命令【文件】→【新建】，新建一个文档，我们要做的宣传册尺寸为大度16开；共8页；装订方式为骑马钉。因此要把页面规格设定为210毫米×285毫米；页数设定为8页；正文起始页码为第2页（第1页为封面）；其余选项取默认值即可（图3-98）。然后点击“边距和分栏”按钮，设置上下左右边距均为20毫米；分成两栏，栏间距为15毫米，选中“预

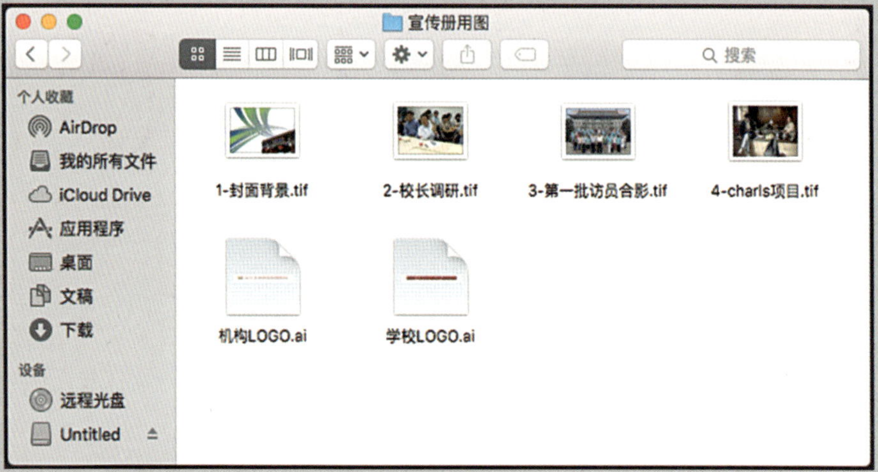

图 3-96　建立专用文件夹

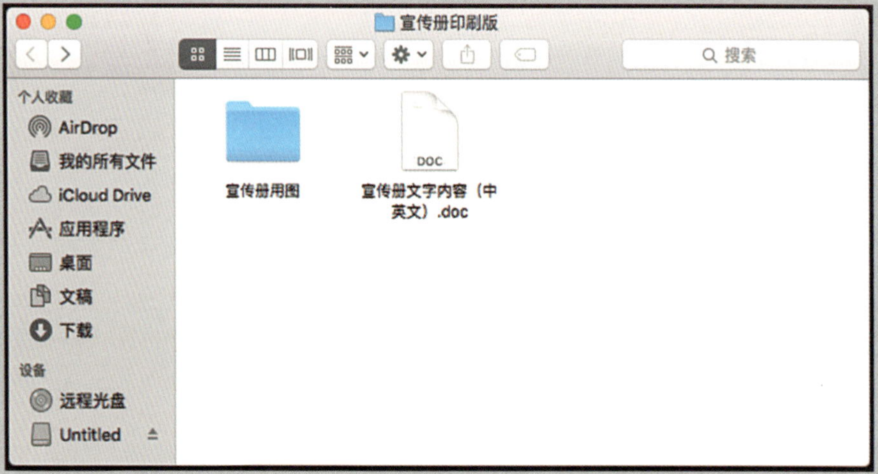

图 3-97　收集归档

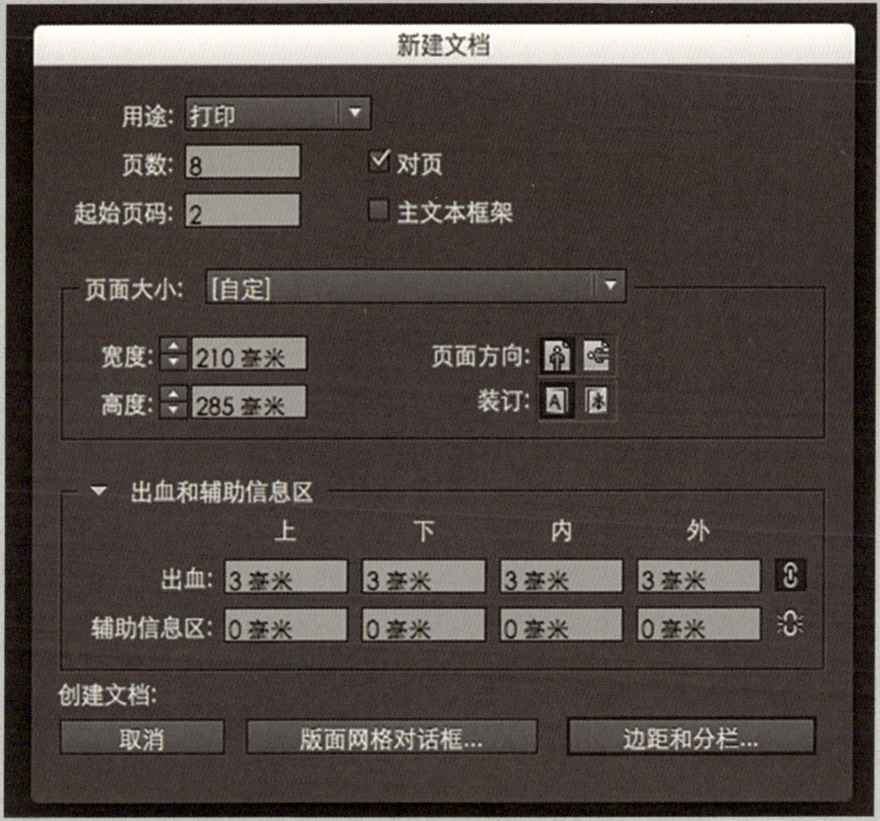

图 3-98　新建 InDesign 文档

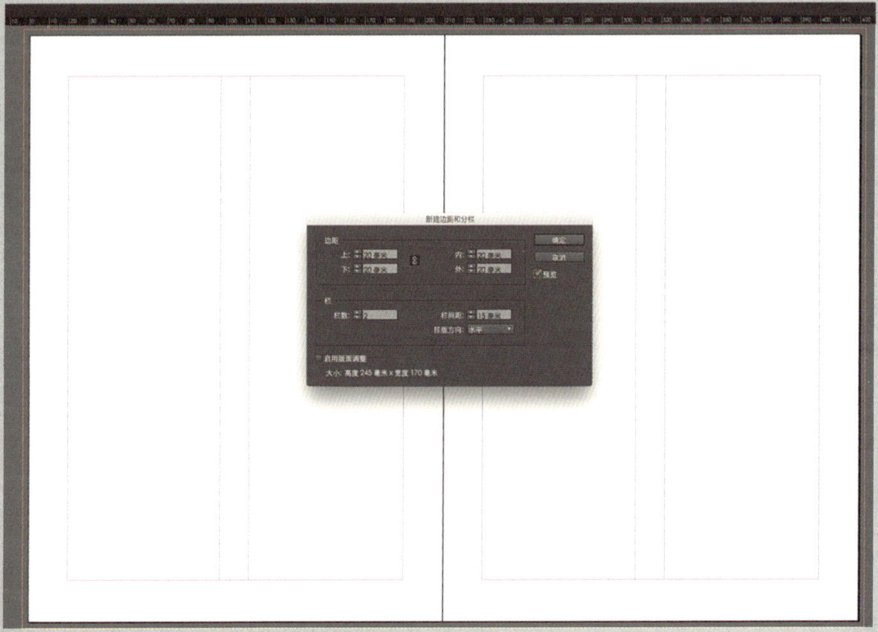

图 3-99　设置边距和分栏

览”选项可即时看到版面的变化（图3-99）。最后将该文件命名为“宣传册印刷版”，存储在之前建立的“宣传册印刷版”文件夹里。

（4）设置主页

在InDesign中编排多页面文档的时候，利用“主页”设置统一的尺寸和版面元素以及相关的一些规格样式，是非常方便的，它可以应用到所有的页面，大大提高了效率。即使需要改动，仅在主页上操作就可以，不然在大量的页面上

图 3-100 设定主页

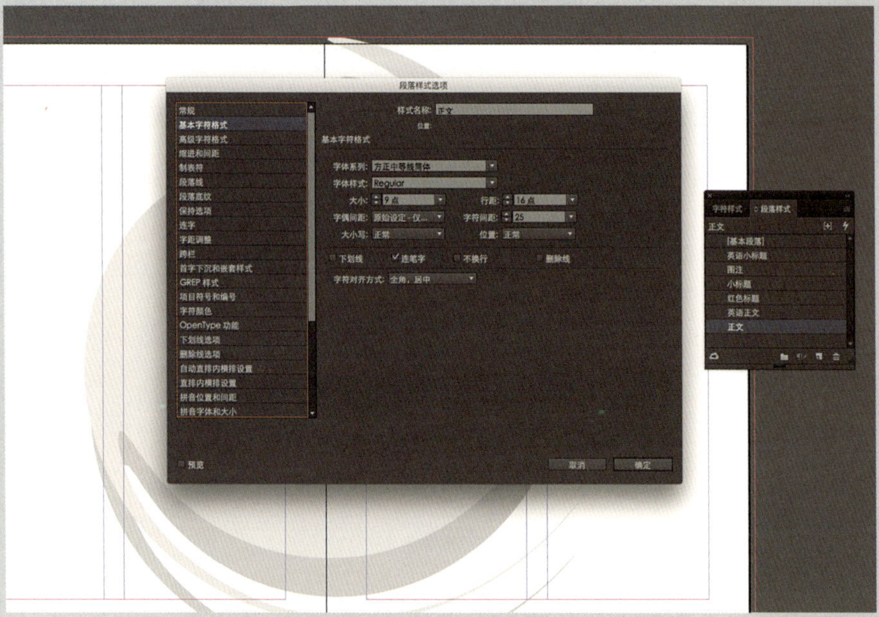

图 3-101 设定文字段落样式

逐一改动，会很繁琐并且容易出现差错。

同一个文档里可以设定多个主页，分别“管理”不同的页面。我们在主页上设定好背景图案、自动页码、页眉页脚等内容之后（图3-100），还需要设定文本段落样式，就是宣传册中所有文字包括大标题、小标题、正文、英文、图注等各自的规格，具体包括字体、颜色、字号、行间距、字间距、缩进等一切与文字相关的项目（图3-101），为了后面的排版工作能高效顺利地进行，做好这些准备工作是非常有必要的，这又是印刷设计师要养成的职业习惯。

（5）图文编排

置入文字内容，按照设计方案和设定的样式，排好文字。然后置入图片，注意靠近边缘的图片要预留“出血”部分，最后完成图文版式编排（图3-102）。

完成编排后可输出pdf文件打印黑白稿供校对审稿，如有问题及时修改更正，直到审稿通过。在InDesign中输出pdf文件时，预设标准有多个选项，对应不同的需求，通常打印校对稿选择“高质量打印”；用于网络传输，对文件质量要求不高则选择“最小文件大小”；如果印刷输出时就必须要选择“印刷质量”（图3-103）。

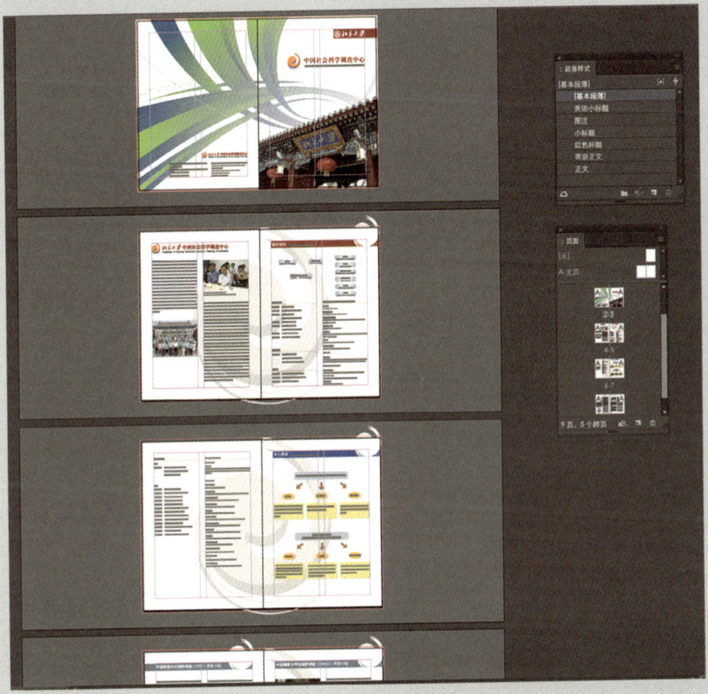

图 3-102　完成后的图文编排

图 3-103　输出 pdf 文件

（6）预检打包

完成校对审稿后的文件按说就可以输出印刷了，但是在这之前，还有非常重要的一项工作——预检打包（图3-104），这也是InDesign最受设计师欢迎的功能之一。它可以把整个印刷文件用到的链接图、字体、格式、是否分色等各项内容检查一遍（图3-105），然后收集归纳到一个新的文件夹里，一起交到印刷厂，如存在任何问题都会自动提示，避免人工检查出现遗漏（图3-106）。

（7）拼大版和印刷装订

制作完成的印刷文件交到印刷厂之后，印刷厂制版部门根据装订方式的不同，先用专业软件把电子文档进行拼大版、折手等设定，直接输出PS版。我们的实训项目刚好可以拼成一套对开版。

制版之后，在印刷机上按指定的数量印刷，印好的印张再送到装订流水线上，由于骑马钉的工艺比较简单，在流水线上折页、装订、裁切等工序都可以自动完成，直接生产出最终的成品。

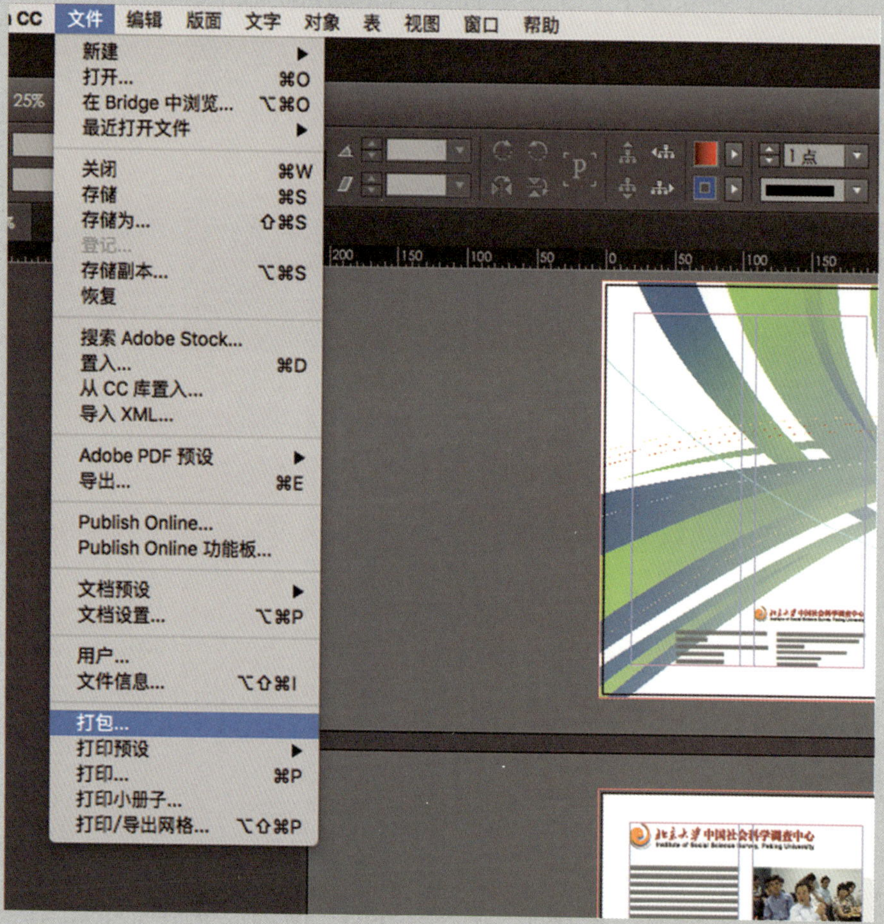

图 3-104 打包功能

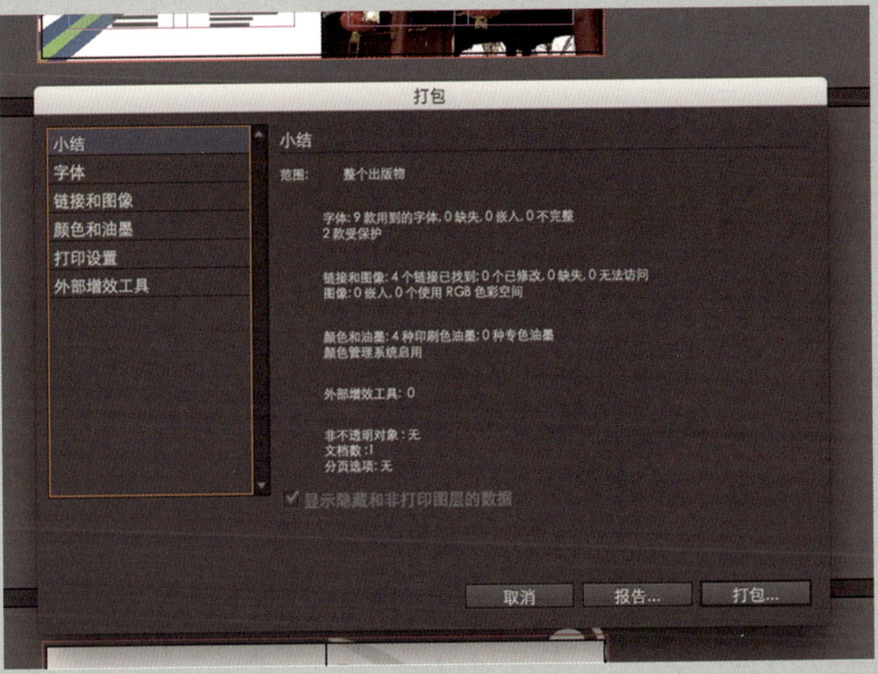

图 3-105 预检完成

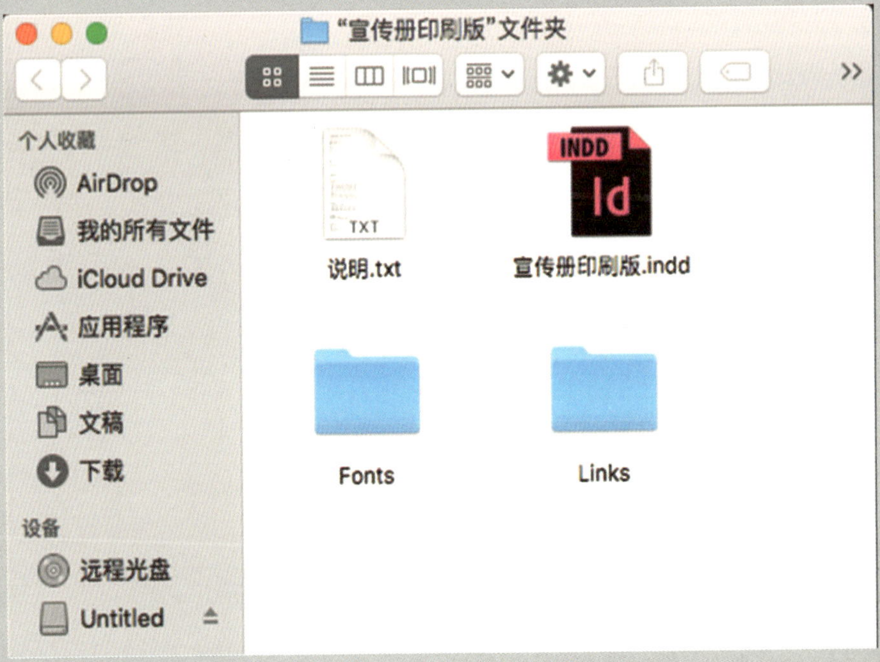

图 3-106 打包完成自动建立独立文件夹

第四章

印刷工艺赏析

引言

要想成为合格的印刷设计师，必须必备良好的鉴赏能力和分析能力。本章整理了一些优秀的中国传统印刷的作品和运用现代印刷工艺的案例，我们在了解、欣赏精湛的传统印刷工艺的同时，也要时刻关注现代印刷的前沿和最新动态，对材料的选择、工艺的运用以及印刷和设计相辅相成的密切关系，要有充分的认识。这样我们在学习的时候，才会具备正确的方向和目标。

本章主要讲述：

1. 中国雕版印刷赏析
2. 中国活字印刷赏析
3. 现代优秀印刷案例赏析

不但从设计上，也要从技术上对印刷品进行分析和鉴赏，这是设计师要具备的重要能力。

第一节　中国传统印刷赏析

1. 雕版印刷

雕版印刷是最早在中国出现的印刷形式，在印刷史上有“活化石”之称。我们说的雕版通常指的是木雕版，是运用刀具在木板上雕刻文字或图案，再用墨、纸、绢等材料刷印、装订成书籍的一种特殊技艺。迄今已有1300多年的历史，比活字印刷技艺早400多年。中国的雕版印刷技艺于2009年被联合国教科文组织列入《人类非物质文化遗产代表作名录》。

雕版印刷的步骤，是先在纸上按所需规格书写原稿，然后反贴在刨光的木板上，再由雕工根据原稿刻出阳文反体字，这样雕版就做成了。接着在版上涂墨、铺纸，用棕刷刷印，将纸揭起，就成为印品。雕刻版面需要大量的人工和材料，但雕版完成后一经开印，就显示出效率高、印刷量大的优越性。

我们先来了解一下中国传统书籍的排版范式以及各个部分的专用术语，以便能更好地赏析后面的印刷作品（图4-1）。

单边：版面边缘以一条直线作为界限，大多用较粗的线。
双边：版面边缘以两条直线作为界限，大多一粗一细，外粗里细，又称“文武线”。
天头：版面上边线到纸张边缘的空白部分。
地脚：版面下边线到纸张边缘的空白部分。
版心（书口）：也叫“中缝”，每页书纸正中折缝的空白部分。

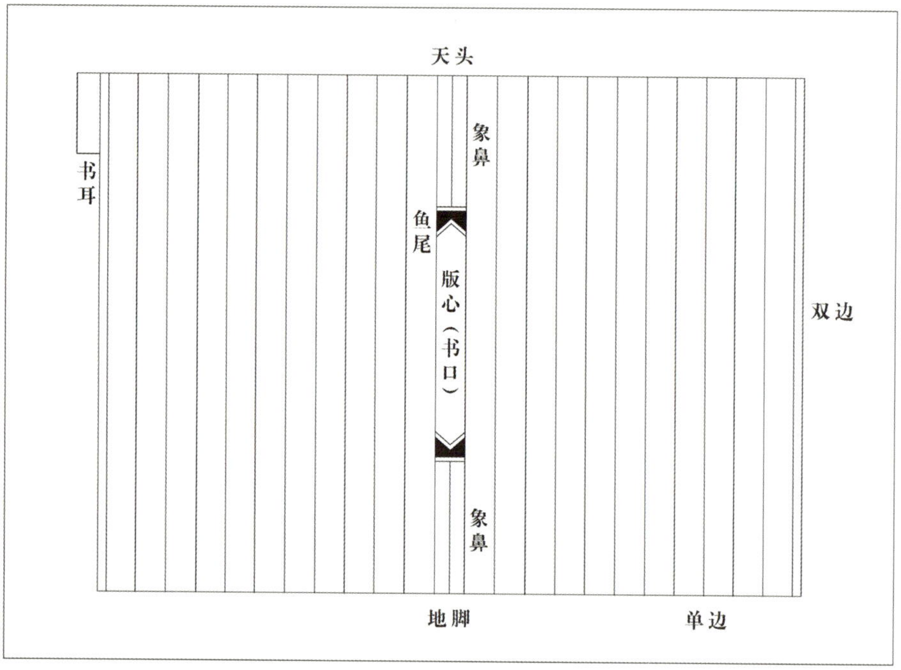

图4-1　传统书籍的版式及术语

鱼尾：在版心上下各约四分之一处的黑色标记，方便折叠纸张。也可不填色，只留轮廓，则称为“白鱼尾”。

象鼻：在版心上下两端，天头和上鱼尾之间、地脚和下鱼尾之间的两个部分。

书耳：在版面左上角外侧的小长方格，大多印有篇章名称，便于检索。

由于年代久远，加上当时生产技术的局限，纸张等印刷材料的质量欠佳，能够完整保存到今天的宋代书籍非常罕见。有时在拍卖会上能见到一些散页，都非常昂贵，有的甚至价值连城。宋代书籍的版式，书口经常空白，大多为左右双边，上下单边，少数四周双边。版心有鱼尾，上鱼尾上方会注明大小字数，上下鱼尾之间刻书名、卷次、页码，下鱼尾下方多是刻工姓名，有时是斋、堂、室名（图4-2、图4-3）。

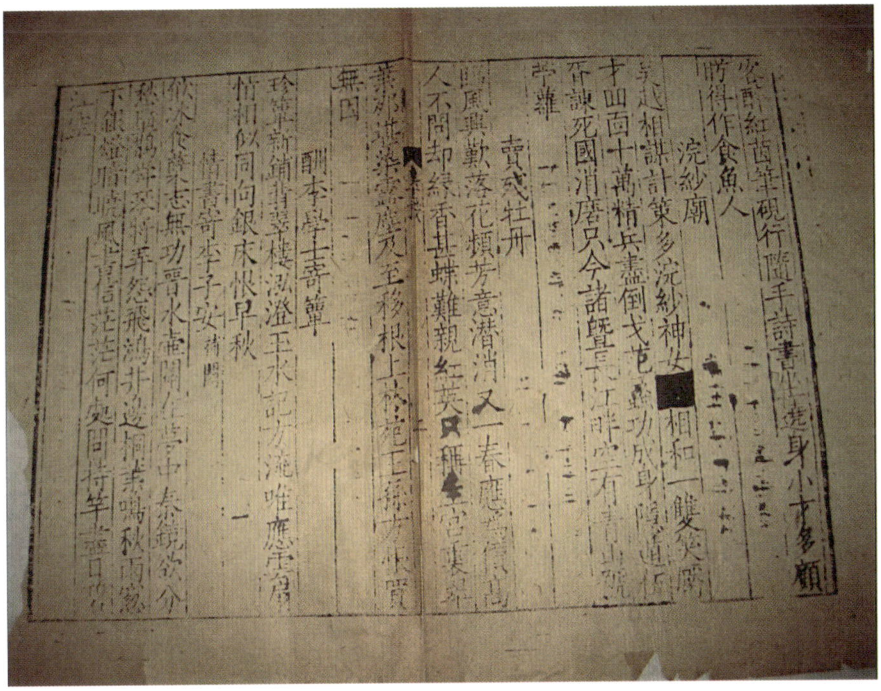

图4-2　雕版书籍散页　宋代

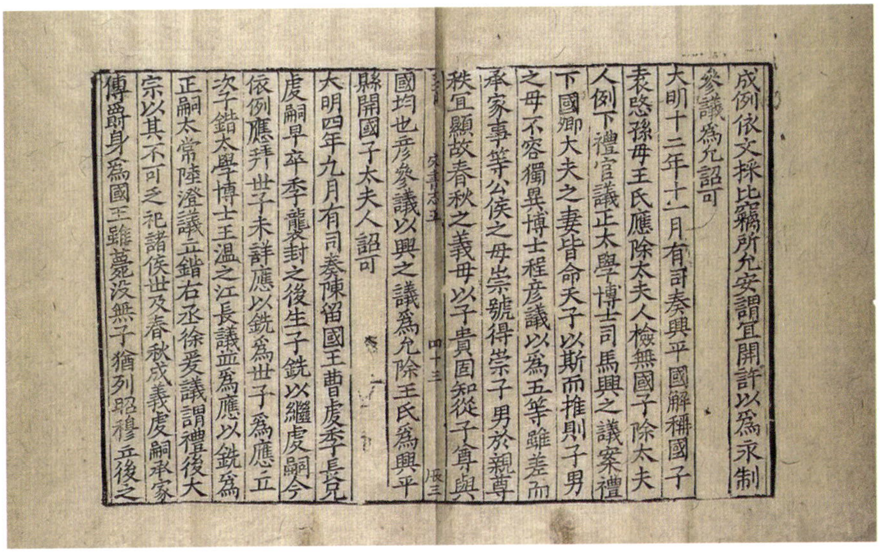

成例依文採比竊所允安謂宜開許以為永制
參議為允詔可
大明十二年十一月有司奏興平國解稱國子
袁愍孫母王氏應除太夫人檢無國子除太夫
人例下禮官議正太學博士司馬興之議案禮
下國卿大夫之妻皆命天子以斯而推則子男
之母不容獨異博士程彥議以為五等雖差而
承家事等公侯之母崇號得崇子男於親尊
秩宜顯故春秋之義母以子貴固知從子尊與
國均也彥參議以興之議為允除王氏為興平
縣開國子太夫人詔可
大明四年九月有司奏陳留國王曹虔季長兄
虔嗣早卒季龍封之後生子銑以繼虔嗣今
依例應拜世子未詳應以銑為世子為應立
次子錯太學博士王溫之江長議並為應以銑為
正嗣太常陸澄議並錯右丞徐爰議謂禮後大
宗以其不可乏祀諸侯世及春秋成義虔嗣承家
傳爵身為國王雖薨沒無子猶列昭穆並後之

图4-3　雕版书籍散页　宋代

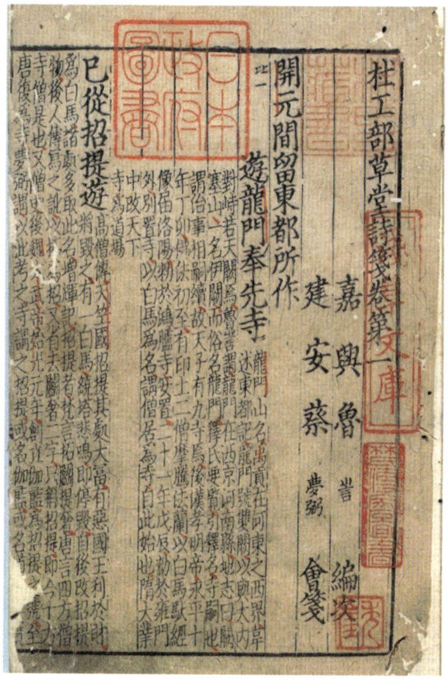
杜工部草堂詩箋卷第一

嘉興魯 訔 編次

建安蔡 夢弼 會箋

開元間留東都所作

遊龍門奉先寺

已從招提遊

图4-4 《杜工部草堂诗笺》 宋代

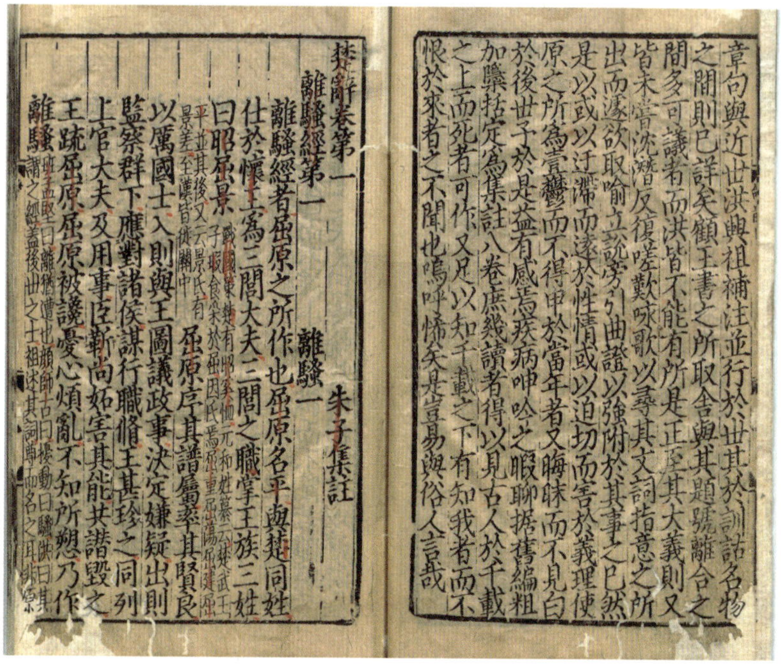
章句與近世洪興祖補注並行於世其於訓詁名物
之間則已詳矣顧王書之所取舍與其題號離合之
間多可議者而洪皆不能有所是正至其大義則又
皆未嘗沈潛反復嗟歎咏歌以尋其文詞指意之所
出而遽欲取喻立說旁引曲證以強附於其事之已然
是以或以迂滯而遠於性情或以迫切而害於義理使
原之所為壹鬱而不得申於當年者又晦昧而不見白
於後世予於是益有感焉疾病呻吟之暇聊據舊編粗
加櫽括定為集註八卷庶幾讀者得以見古人於千載
之上而死者可作又足以知千載之下有知我者而不
恨於來者之不聞也嗚呼悕矣是豈易與俗人言哉

楚辭卷第一

離騷經第一

離騷一　朱子集註

離騷經者屈原之所作也屈原名平與楚同姓
仕於懷王為三閭大夫三閭之職掌王族三姓
曰昭屈景　屈原序其譜屬率其賢良
以厲國士入則與王圖議政事決定嫌疑出則
監察群下應對諸侯謀行職修王甚珍之同列
上官大夫及用事臣靳尚妒害其能共譖毀之
王疏屈原屈原被讒憂心煩亂不知所愬乃作
離騷

图4-5 《楚辞》 宋代

宋代书籍的纸张多采用皮纸和竹纸，由擅长书法的人写好原稿，然后刻版。书写要求清晰美观，校刻时更要精益求精，字体大都采颜、柳、欧阳笔法，所谓“纸坚刻软，字画如写”是宋代刻本的共同特色（图4-4、图4-5）。

平话是话本体裁之一，是只说不唱的平铺直叙的话本。多为长篇，主要是历史故事，真伪掺杂，虚实并存，但对后世小说发展有深刻影响。图4-6为全相平话（又名《全相平话五种》）元代建安虞氏新刊本之一。“全相”就是书中带有人物绣像或有关故事情节的插图，这对刻制印版的工匠技艺上的要求是非常高的，比刻文字的难度要大得多。

明代早期的刻版风格，继承了元代的余韵，大多用赵孟頫的书体，版式上四周为双边，书口、鱼尾不留白，有黑边（图4-7）。

明中期，由于文学复古运动的影响，在书籍版式风格上，又开始模仿宋代的风格，书口留白，字体方正，我们今天熟悉的“仿宋体”，就是从那时流传下来的（图4-8、图4-9）。

另外，我们可以把图4-8与图4-5对照，同样一本《楚辞》，看看宋代和明代的版本有什么异同，各自有什么样的特点。其中最显著的区别是字体的变化，宋代的字体基本还是正楷，手写特征明显，而明代的字体受到刻版工艺的影响，已经是成熟的印刷字体；宋代的版面边线为上下单边、左右双边，明代的全是双边；宋代的鱼尾涂黑、象鼻中间有黑线，明代的鱼尾只留轮廓，象鼻空白，显得更加简洁。

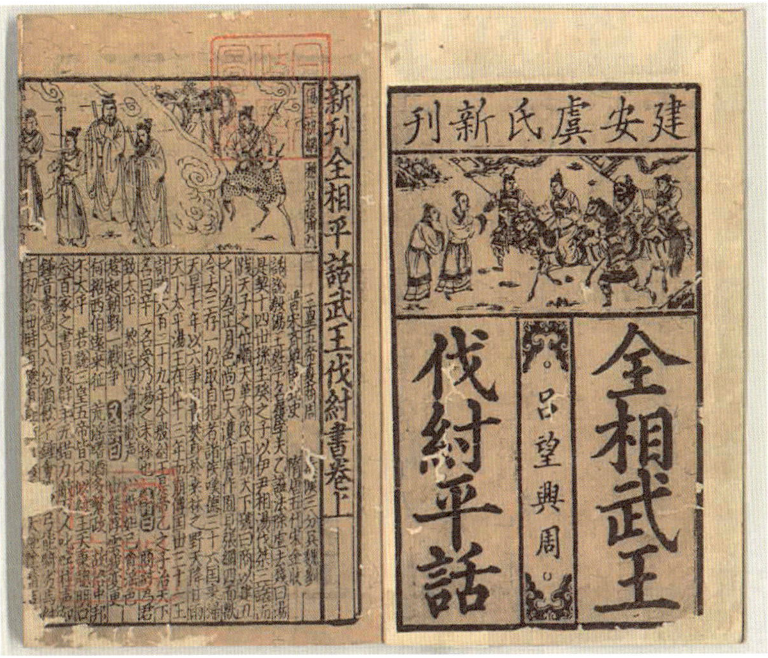

图4-6 《全相武王伐纣平话》 元代

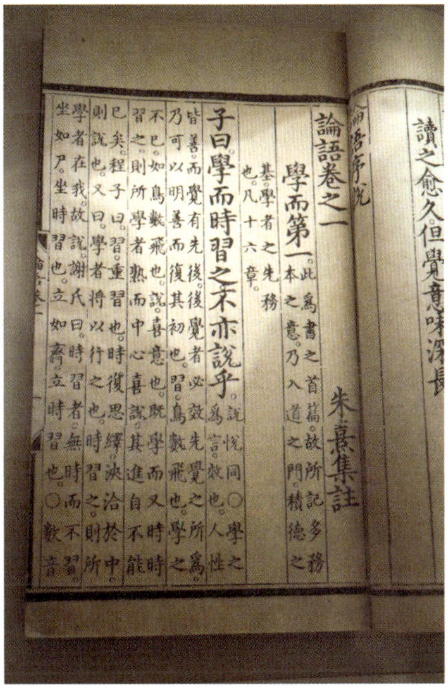

图4-7 《论语朱熹集注》 明代

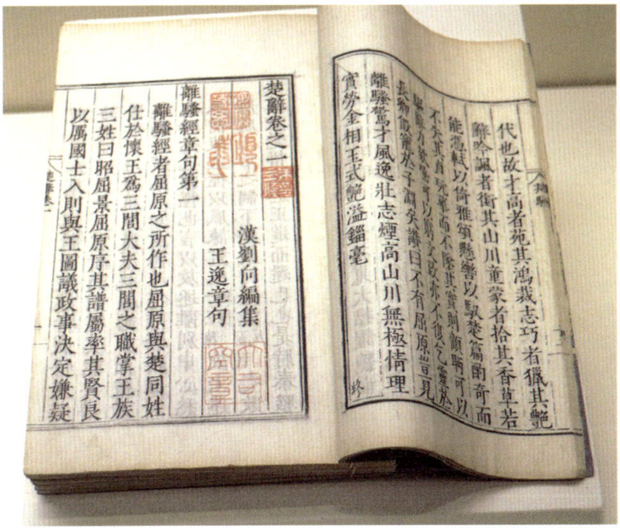

图4-8 《楚辞》 明代

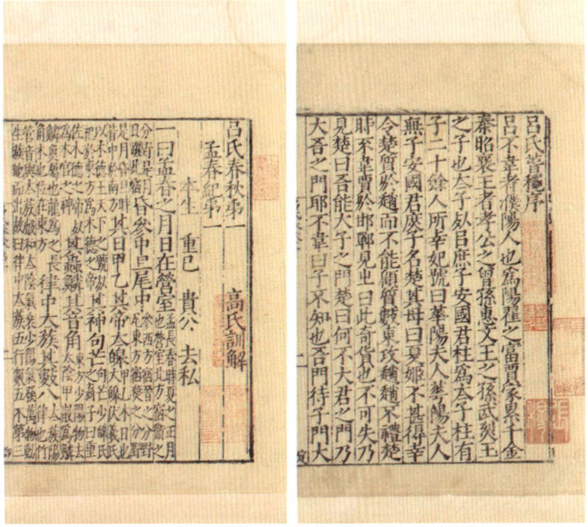

图4-9 《吕氏春秋》 明代

到了明晚期，雕版的风格又有了新的变化，字形由方变长，笔画横细竖粗，字形特征越来越接近我们今天的“宋体字”，并且去掉了字行之间的分割线和书口的鱼尾，整体版式简洁大方，疏密得当，阅读的舒适度大大提高（图4-10、图4-11）。

及至清代，由于政府的推广，活字印刷得到进一步的发展，雕版印刷逐渐式微。在版式风格上与以往没有太多的变化，“宋体字”进一步成熟，字形稍扁（图4-12）；还有一种正楷书写体得到比较广泛的应用，成为“软体”（图4-13）。

除了书籍的印制，雕版印刷技术还广泛应用于民间木版年画的生产，要印制一幅年画通常分为五套版，先在纸上印好黑版，也叫线版（图4-14、图4-15），再印四套色板，通常为红、黄、蓝、紫或者红、黄、绿、紫等鲜艳喜庆的颜色（图4-16、图4-17）。

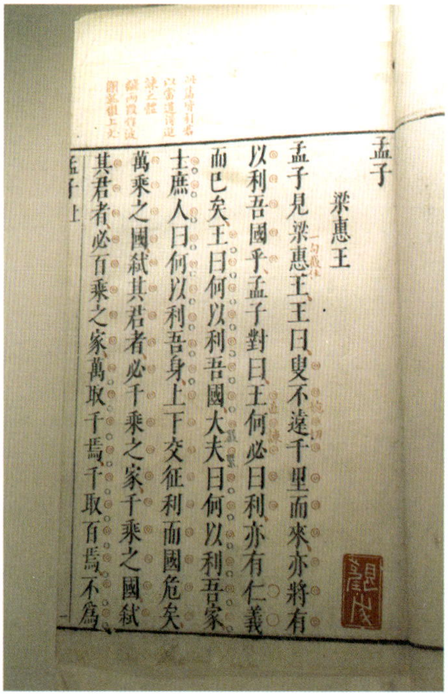
孟子
梁惠王
孟子見梁惠王王曰叟不遠千里而來亦將有以利吾國乎孟子對曰王何必曰利亦有仁義而已矣王曰何以利吾國大夫曰何以利吾家士庶人曰何以利吾身上下交征利而國危矣萬乘之國弑其君者必千乘之家千乘之國弑其君者必百乘之家萬取千焉千取百焉不爲

图4-10 《孟子》 明代

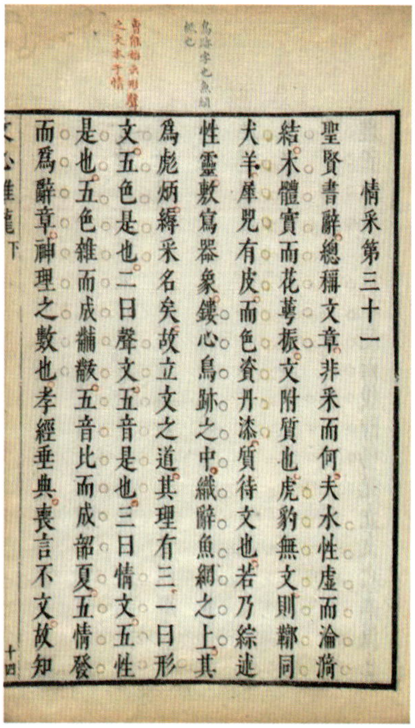
情采第三十一
聖賢書辭總稱文章非采而何夫水性虛而淪漪結木體實而花萼振文附質也虎豹無文則鞟同犬羊犀兕有皮而色資丹漆質待文也若乃綜述性靈敷寫器象鏤心鳥跡之中織辭魚網之上其爲彪炳縟采名矣故立文之道其理有三一曰形文五色是也二曰聲文五音是也三曰情文五性是也五色雜而成黼黻五音比而成韶夏五情發而爲辭章神理之數也孝經垂典喪言不文故知

图4-11 《文心雕龙》 明代

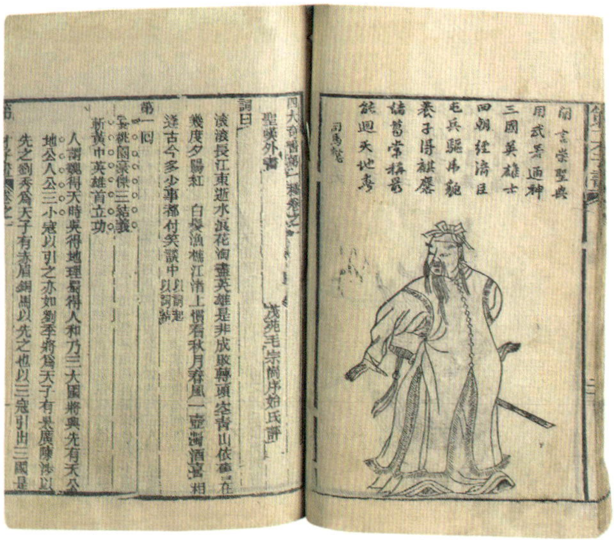
聖嘆外書
茂苑毛宗崗序始氏評
詞曰
滾滾長江東逝水浪花淘盡英雄是非成敗轉頭空青山依舊在幾度夕陽紅 白髮漁樵江渚上慣看秋月春風一壺濁酒喜相逢古今多少事都付笑談中
第一回
宴桃園豪傑三結義
斬黃巾英雄首立功
人謂魏得天時吳得地理蜀得人和乃三大國將興先有天公地公人公三小寇以引之亦如劉季將爲天子有吳廣陳涉以先之劉秀爲天子有赤眉銅馬以先之也以三寇引出三國是

图4-12 《三国志》 清代

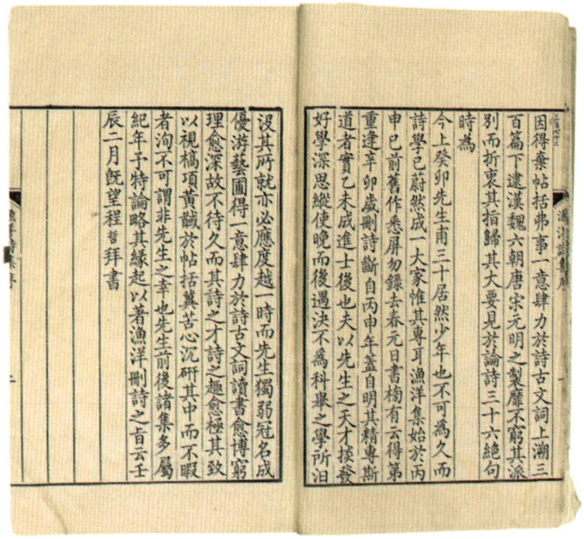
因得棄帖括弗事一意肆力於詩古文詞上溯三百篇下逮漢魏六朝唐宋元明之製靡不窮其派別而折衷其指歸其大要見於論詩三十六絕句時爲
今上癸卯先生甫三十居然少年也不可爲久而詩學已蔚然成一大家惟其專耳漁洋集始於丙申已前舊作悉屏勿錄去春元日書椷有云得第重逢辛卯歲删詩斷自丙申年蓋自明其精專斯道者實乙未成進士後也夫以先生之天才拔發好學深思縱使晚而後遇決不爲科舉之學所汨沒其所就亦必應度越一時而先生獨弱冠名成優游藝圃得一意肆力於詩古文詞讀書愈博窮理愈深故不待久而其詩之才詩之趣愈極其致以視槁項黃馘於帖括冀苦心沉研其中而不暇者洵不可謂非先生之幸也先生前後諸集多屬紀年予特論略其緣起以著漁洋删詩之旨云壬辰二月既望程哲拜書

图4-13 《渔洋诗集》 清代

图4-14 木版年画《借云》线版 清代

图4-15 木版年画《忠心保国》线版 清代

图4–16 木版年画《武门神》 清代

图4–17 木版年画《神荼郁垒》 清代

2. 活字印刷

当雕版印刷发展到很高水准时，人们已感到每印一本书都要重新雕版，十分费工，因而极力寻找一种更省工、快捷的印书工艺，这种历史环境下，活字版就发明了。活字版的发明，是印刷史上又一伟大的里程碑，它既继承了雕版印刷的某些传统，又开创了新的印刷技术。活字版发明后，先后有泥活字、木活字及金属活字。

北宋的沈括在其所著《梦溪笔谈》一书中，较详细地记载了毕昇发明活字版及其工艺概况：“版印书籍，唐人尚未盛为之，自冯瀛王始印五经，已后典籍，皆为版本。庆历中，有布衣毕昇又为活板。其法：用胶泥刻字，薄如钱唇，每字为一印，火烧令坚。先设一铁板，其上以松脂，蜡和纸灰之类冒之。欲印，则以一铁范置铁板上，乃密布字印，满铁范为一板，持就火炀之，药稍熔，则以一平板按其面，则字平如砥。若只印三二本，未为简易；若印数十百千本，则极为神速。常作二铁板，一板印刷，一板已自布字，此印者才毕。则第二版已具，更互用之，瞬息可就。每一字皆有数印，如“之”“也”等字，每字有二十余印，以备一板内有重复者。不同则以纸贴之，每韵为一帖，木格贮之，有奇字素无备者，旋刻之，以草火烧，瞬息可成。不以木为之者，木理有疏密，沾水则高下不平，兼与药相粘，不可取，不若燔土，用讫再火，令药熔，以手拂之，其印自落，殊不沾污，昇死，其印为余耗从所得，至今保藏。”

但是，由于工艺技术等方面的局限，利用活字版生产的印刷品往往比较粗糙简陋，在精致程度和美观方面，一直很难超越雕版印刷品。所以活字印刷自发明以后，在很长的历史时期，一直应用于对印制水准要求不高、较为低廉的普通印刷品，并没有成为印刷产业的主要技术手段。直到清代中期由官方运用活字版技术印制发布了大量书籍之后，活字印刷才得到进一步的发展完善和推广使用。

清康熙至雍正年间，武英殿刻制铜活字数十万枚。排印了大型丛书《古今图书集成》。每部书525函，共5020册。印刷及装潢都很精美。武英殿的铜活字为宋体字，大号字1厘米方，小号字为大号字的一半。这是历史上规模最大的一次铜活字印刷（图4-18、图4-19）。

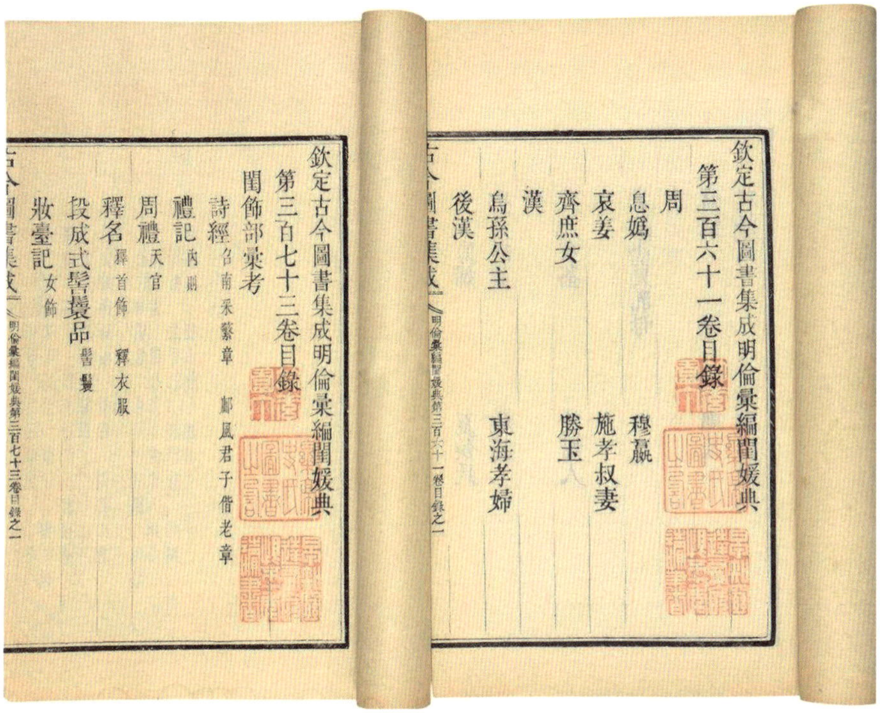

图4-18 《古今图书集成》 清代

图4-19 《古今图书集成》 清代

清乾隆年间，武英殿进行了数次大规模木活字印刷，共刻制枣木活字大、小各一副，共25万多个，并排印《武英殿聚珍版丛书》，约134种，2389卷。这是历史上规模最大的一次木活字印刷（图4-20、图4-21）。

清乾隆年间，在金简的主持下，编印了一本《武英殿聚珍版程式》，用木活字排印。该书详细介绍了武英殿木活字版的技术工艺，包括木活字的刻制方法，活字的规格、字体，活字的存放方法以及排版工艺等。规定了活字的尺寸，即大号字厚二分八厘，宽三分，高七分；小号字厚、高同大字号，宽为二分。这

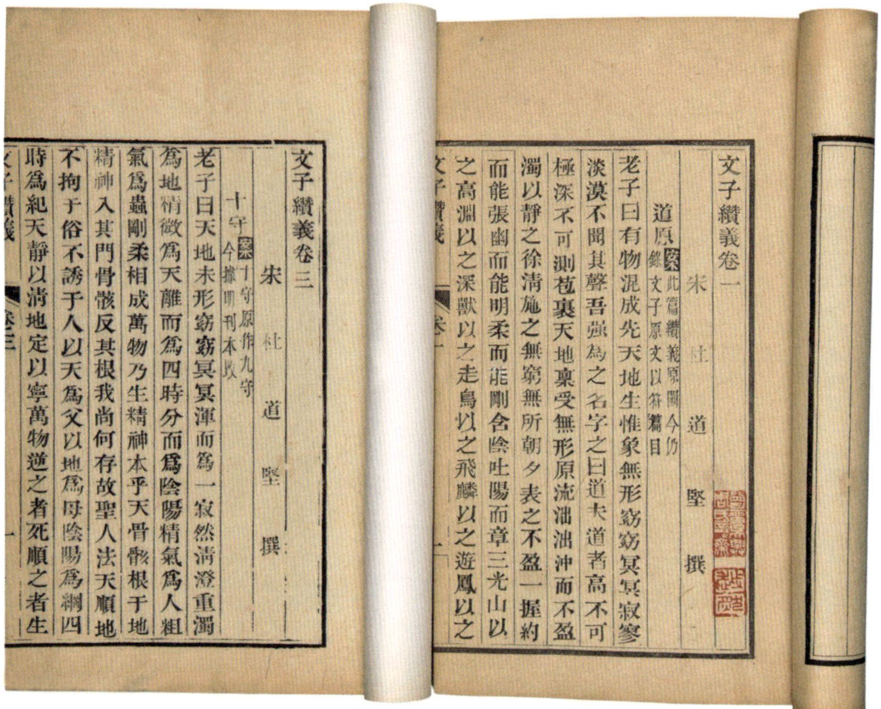

图4-20 《武英殿聚珍版丛书》 清代

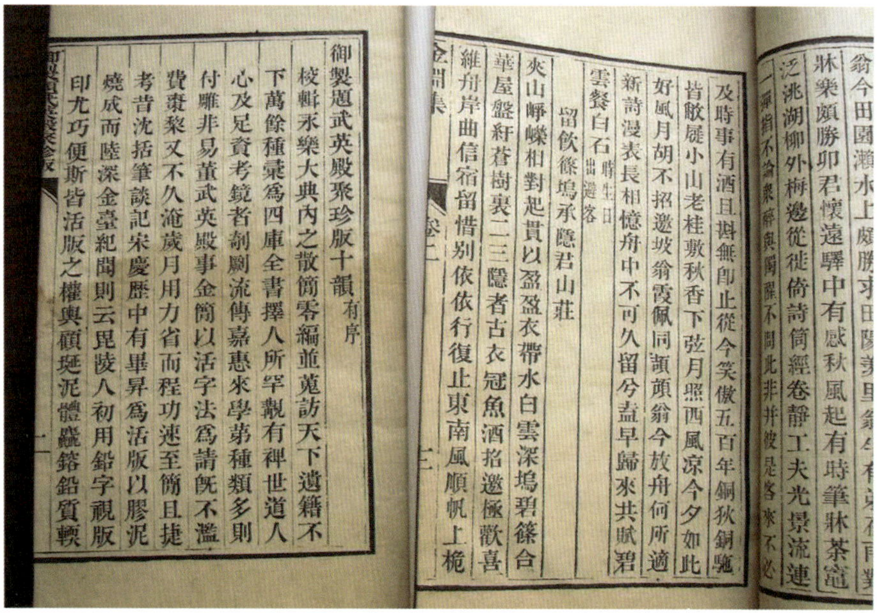

图4-21 《武英殿聚珍版丛书》 清代

是历史上第一次由政府颁布的活字标准。武英殿活字的存放，采用了偏旁部首及笔画顺序排列，这比以音韵排列更为先进。

《墨法集要》是武英殿聚珍版丛书中最为著名的一套书。摆字准确，刻图精雅。是一部关于油烟墨制造技法的专著。书中从浸油讲起，至试墨止，将制墨各工序逐项解说，并配有精致的插图。版心下有“项家达校”“彭绍观校”的标注，项家达、彭绍观皆为乾嘉时期著名的学者（图4–22）。

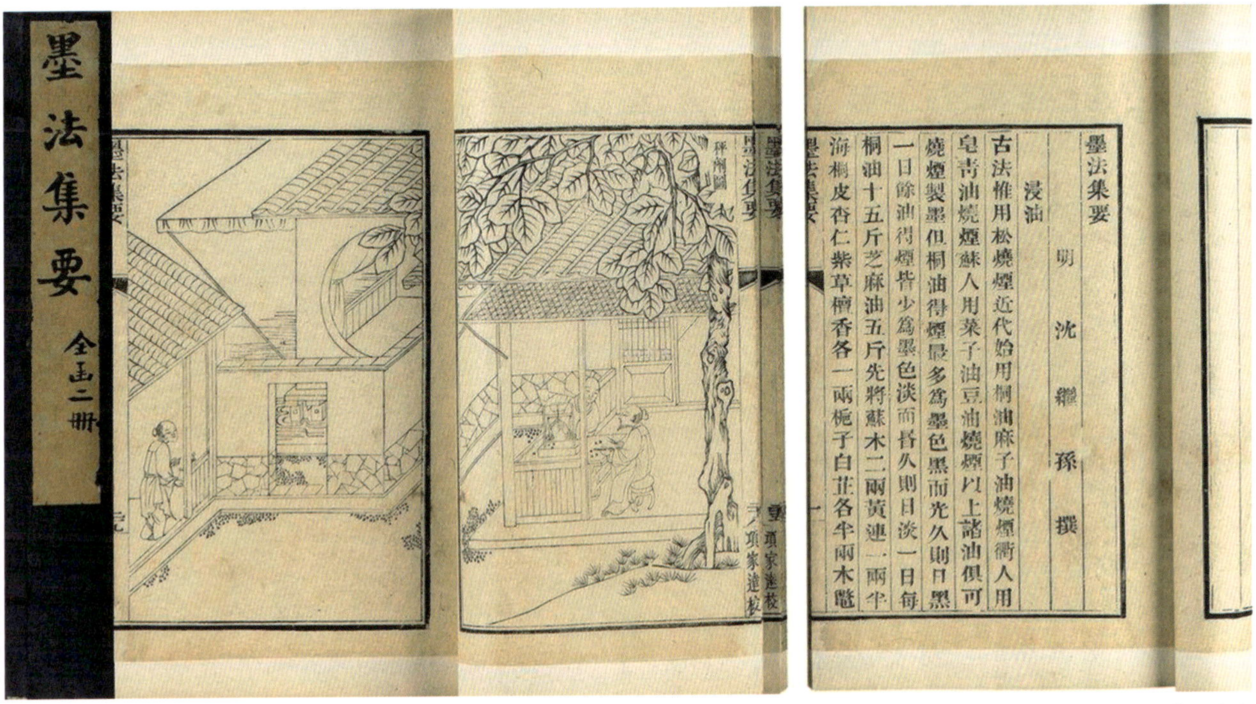

图4–22 《墨法集要》 清代

第二节　现代印刷工艺赏析

1. 纸张的魅力

在设计印刷品的时候，纸张的选择是非常重要的，不同的纸张在质地、肌理和色泽等方面千差万别，直接影响最终印刷成品的呈现效果。经验丰富的印刷设计师一般会在进行设计之初，就对选用什么样的纸张有充分考虑，甚至把纸张本身的视觉、触觉特征作为一种设计元素和设计方案不可或缺的组成部分进行整体思考，这样才能对最终印刷出来的效果有准确恰当的预判。

如图4-23，这些可爱的贺卡均为手工印制，采用较厚的特种纸，质地松软而富有亲和力，与简洁夸张的各种图案造型相得益彰，起凸工艺精致严谨，使得这些卡片虽是方寸之地，但却充满细节，令人回味无穷。

再如图4-24，利用压凹工艺，烫印专色，能凸显纸张的质感，配色素雅大方，低调内敛，细微之处仍然一丝不苟，让人真切体会到印刷的魅力所在。

图4-23　创意贺卡 The Paper Nut 设计公司　美国

图4-24　商业卡片　Kirtland印刷工作室　美国

图4-25　感谢信　Ruby Victoria设计工作室　澳大利亚

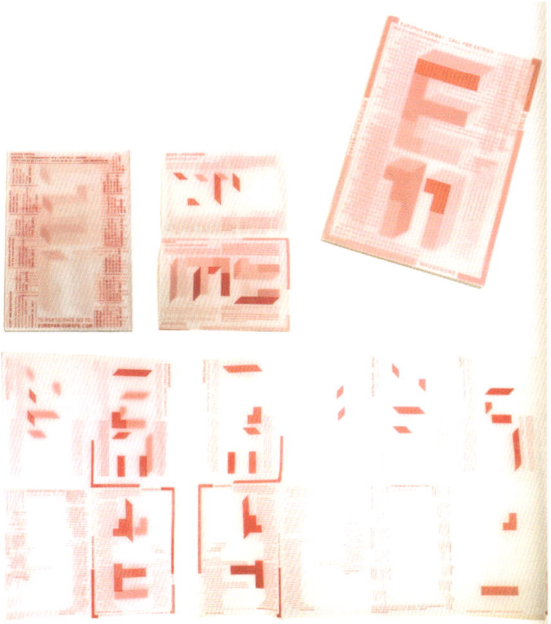

图4-26　设计竞赛推广海报　Ariane Spanier　德国

图4-25是典型的极简风格作品，连油墨都省略了，在有着细腻纹理的厚实卡纸上，利用压凹工艺，压出“THANKS!”的字样，一言九鼎又朴实无华，让人深深领略到感谢的诚意。背衬原色厚纸板，再用红白相间的细棉线绑缚，巧妙地利用不同材料在视觉和触觉上粗犷与精致的对比，不着丝毫笔墨，却胜过万语千言。

图4-26是欧洲某设计竞赛的推广海报，在半透明的硫酸纸上单色印刷，有效控制了成本的同时，巧妙利用了材料的特性，营造出充满未来感、科技感和不确定性的视觉氛围，而这不正是现代设计的本质特征和魅力所在吗?

2. 技术的魅力

随着科技的进步，在印刷产业中，除了印前技术的日新月异，印刷材料和印后加工技术也不甘落后，一直持续发展，极大地支持了设计师实现他们天马行空的构想，把富有创意的设计方案变为实物批量生产出来。

优良的印刷和后期工艺是一项成功的设计不可或缺的一部分。如今，设计师往往可以突破材料、技术和成本的局限，即使预算资金有限，也总能寻找到可实验的空间，巧妙地利用规格、材料和一些特殊的技术手段，使作品脱颖而出，给人留下深刻印象。因为印刷媒介可采用的材料范围越来越广，在金属、塑料、玻璃等非常规材料上印刷已经不是什么难题，能实现各种效果的后期工艺也层出不穷。甚至可以毫不夸张地说：只有想不到，没有做不到。

但更为重要的是，设计师在选择材料和技术的时候，应该具备保护生态环境的意识，充分考虑到一切行为可能对环境产生的负面影响，并且在最大程度上减小或避免这些影响。

图4-27是在一家博物馆的纪念品商店出售的T恤衫包装，因此区别于常规的服装商品，在遵循博物馆形象识别系统规范的前提下，利用圆和方的简洁对

图4-27　博物馆纪念T恤包装　Luciana Echevarria / Diego Lopez　阿根廷

图4-28　香皂包装　Jesse Kirsch　美国

图4-29　饮品包装　BVD设计公司　瑞典

比，又强化了主体的形象。众多圆形采取不同的工艺，有起凸、镂空、不干胶印刷等，因此视觉感受很丰富，并不显得单调。不干胶标签用专色反白印刷，印有与衣服相关的图文信息，色彩则表示衣服的颜色；衣服表面的图案采用发泡油墨通过丝网印刷完成。

图4-28是一套香皂包装，其印刷上的特点是简练明确。外盒套利用纸张的原白色，体现产品的洁净；内盒的色彩用专色印刷，代表不同香皂的颜色；每一款香皂的名字通过外盒套的镂空工艺，透出内盒的颜色而明确显示；内盒两端还有镂空的小口，可以闻到产品的香味。

图4-29在瓶型统一的基础上，不同的字体和玻璃的颜色代表不同年份的酒，统一中有变化；表示年份的数字非常醒目，便于消费者选择。采用单色丝网印刷，一套版即可完成。丝网印刷经常用于非纸质或非平面的材料，灵活多变，对各种材料有很强的适应性。

图4-30是一家咖啡馆的形象识别系统，基本手法就是“打孔”。在黑色卡纸上通过打孔形成视觉识别元素，优雅别致，不费笔墨，还能获得通过光影形成的丰富变化。

图4-31CD唱片和歌单用可降解塑料密封，背衬灰色环保纸板，歌单也用环保纸单色平版胶印。最后在塑料袋表面单色丝网印制音乐家和专辑的名字以及相关信息，字体版式统一。整体设计在印刷材料、工艺的选择上突出了环保的理念。

图4-30 咖啡馆形象识别 Toby Curnow / Janson Chau 新西兰

图4-31 CD包装 Non-Format工作室 英国

图4-32以大面积的黑色搭配鲜明醒目的字体，作为冲调饮品包装的主视觉显得有些“离经叛道”，但正因如此，也给人留下深刻的印象。不同的材质选取不同的印刷工艺，纸盒用平版胶印，蜂蜜瓶贴用不干胶印刷，玻璃酒瓶用丝网印刷，咖啡包装袋用柔性凸版印刷。为确保色彩的一致，均采用专色。

图4-33所示系列海报堪称充分运用印刷工艺来营造震撼视觉效果的典范。除了主题字体用银色金属油墨单独印刷之外，看上去变化复杂、层次丰富的背景，其实仅仅印了一个颜色，一套印版即可完成，把印刷里常见的减网工艺

图4-32　系列冲调饮品包装　Dave Richmond　英国

图4-33　系列讲座海报
Ariane Spanier　德国

（渐变色）发挥到了极致。当然要实现这一效果，对印刷设备、印刷人员的技术水平等方面的要求也是很高的。

在各种高科技产品层出不穷的信息时代，采用古老的木刻雕版手工印刷海报，反倒让人耳目一新，备感亲切。有别于本章前半部分介绍过的中国传统雕版，图4-34、图4-35所示这些海报在印刷时追求的不是严谨精密，而是刻意留下木材的纹理，油墨的渗漏，印版的凹凸不平，边缘的参差不齐等手工操作的痕迹，别有一番视觉审美趣味。

图4-34　博斯剧院系列海报及印制过程　They设计工作室　荷兰

高档商品为了体现品质和身价，其包装印刷的成本往往也是比较高的。图4-36这套香槟酒的包装，采用了金属、玻璃、织物等多种非常规材料，相应地就要通过多种印刷工艺，比如起凸、烫金、印金、不干胶、压凹等，和凸版印刷、丝网印刷、柔版印刷等多种方式联合应用，实现最终堪称完美的艺术效果。

图4-37所示，复杂的令人炫目的背景图案却采用极简的黑白印刷，这种简繁对比形成了极强的视觉张力。文字信息用彩色金属油墨烫印，由于面积比较小，不会显得张扬而喧宾夺主，又能与单色背景形成反差，实属点睛之笔。

图4-38所示，每一款精油用不同的数字表示，通过字体和色彩加以区别，专色印刷，醒目易识。环保牛皮纸上压印精致的花纹，强调和谐自然的理念，同时又暗含精油细腻温婉的特质。这些丰富抽象的内涵都是通过对材质和工艺的恰当使用而让人感知到的。

图4-35　博斯剧院海报　They设计工作室　荷兰

图4-36　饮品包装　Alessio Krauss　法国

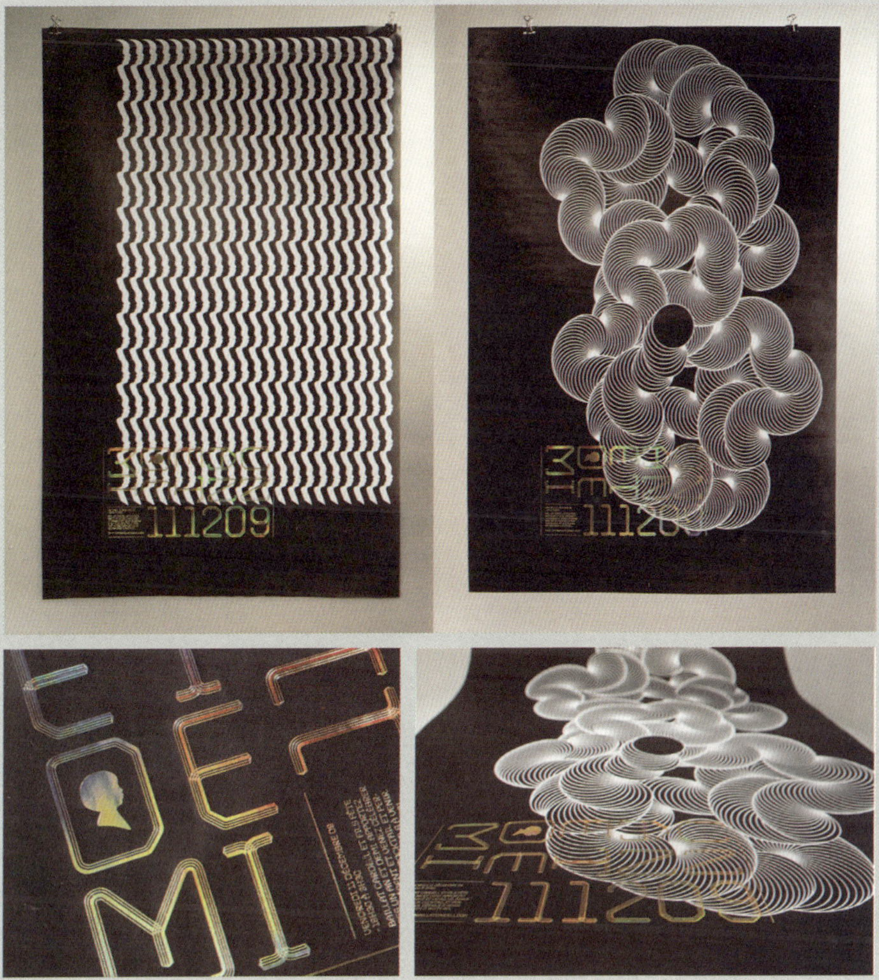

图4–37 庆典活动系列海报
Baillat Cardell & File工作室 加拿大

图4–38 芳香精油包装
Kelly Kovack / Mirae Park 美国

附录

第一节　印刷常用术语

印前

出血：对一些需要跨出纸边的图文，在制版时需超出裁切线3mm，预留裁切时出现的偏差，此超出部分称为“出血”。
叠印：一种油墨直接叠压在另一种油墨之上。
漏白：印刷时因套色不准，漏出纸张的白色缝隙。
补漏白：制版时为防止漏白，有意使颜色交接处扩张一点，弥补套印不准的影响。
开本：书刊装订成册的幅面尺寸。
扉页：封面以内，衬纸下面印有书名、出版者、作者等信息的单页。有些书刊将衬纸和扉页印在一起称为扉衬页。
天头：书刊正文最上面一行字到书页上边沿处的空白。
地脚：书刊正文最下面一行字到书页下边沿处的空白。
订口：指书刊应装订部分的位置。

印刷

咬口：PS版的一边（长边）约7cm插入印版滚筒边固定，在版上预留的这个位置称为咬口位置。
自反版：印完一面后，版不换，纸张翻一面继续印刷背面。
飞墨：油墨稠度不够，印刷机转速快，离心力使墨点飞溅。
夹炮：过多纸张夹在压印滚筒和橡皮滚筒间，触发安全感应使印刷机停止转动。
打掣：印刷机因事故而停止转动，原因多为进纸不顺或双张进纸触发安全装置。
过底：指墨层太厚来不及干燥，污染了压在上面的纸张背面。
打稿：供正式印刷时参考的打样样稿。
飞达：指印刷机喂纸的传送装置。

印后

破口：书芯裁切后书页的切口出现破损。
粘口：书帖粘联零散书页时在书帖上涂胶的部分。通常以最后一折的折缝线为基准线，按一定的宽度在书帖边涂胶。
折缝线：印刷书页在折页加工时的折叠线。
铣背：用铣刀将书芯订口铣成沟槽状，便于胶液渗透的一道工序。
刀花：切口出现凹凸不平的刀痕。
小页：书帖中小于裁切尺寸的书页。
白页：因印刷事故，使书页的一面或两面未印上印迹。
勒口：平装书的封面前口边大于书芯前口边宽约20-30mm，再将封面沿书芯前口切边向里折齐的一种装帧形式。

压痕：利用钢线，通过压印，在纸张上压出痕迹。

环衬：连接书芯和封皮的衬纸。

毛本：三面未切光的书芯。

光本：三面切光的书芯。

扒圆：圆脊精装书在上书壳前，先把书芯背部处理成圆弧形的工序。

圆背：精装的一种。书背制作成一定弧度的圆弧面。

圆势：精装书圆背弧面的弧度。

方背：精装的一种。书背平直且与封面封底垂直。

堵头布：贴在精装书芯背脊天头与地脚两端的布质材料。

起脊：精装书在上书壳前，把书芯用夹板加紧压实在书芯正反两面接近书脊与环衬连线的边缘处压出一条凸痕，使书脊略向外鼓起的工序。

飘口：指精装书刊套合加工后书封壳大出书芯切口的部分。

书槽：又称书沟或沟槽，指精装书套合后，封面和封底与书脊连接部分压进去的沟槽。

第二节　四色配色简表

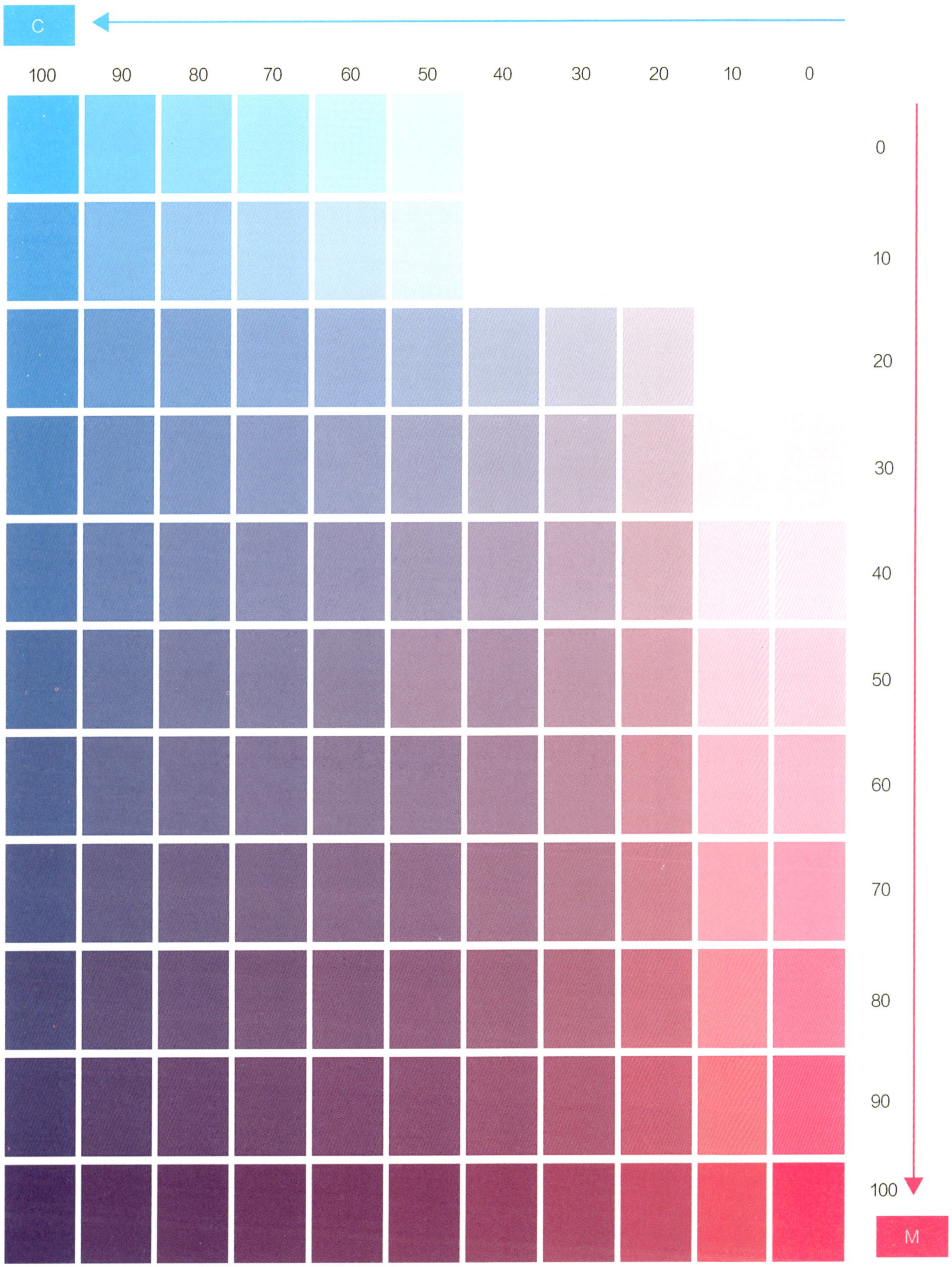

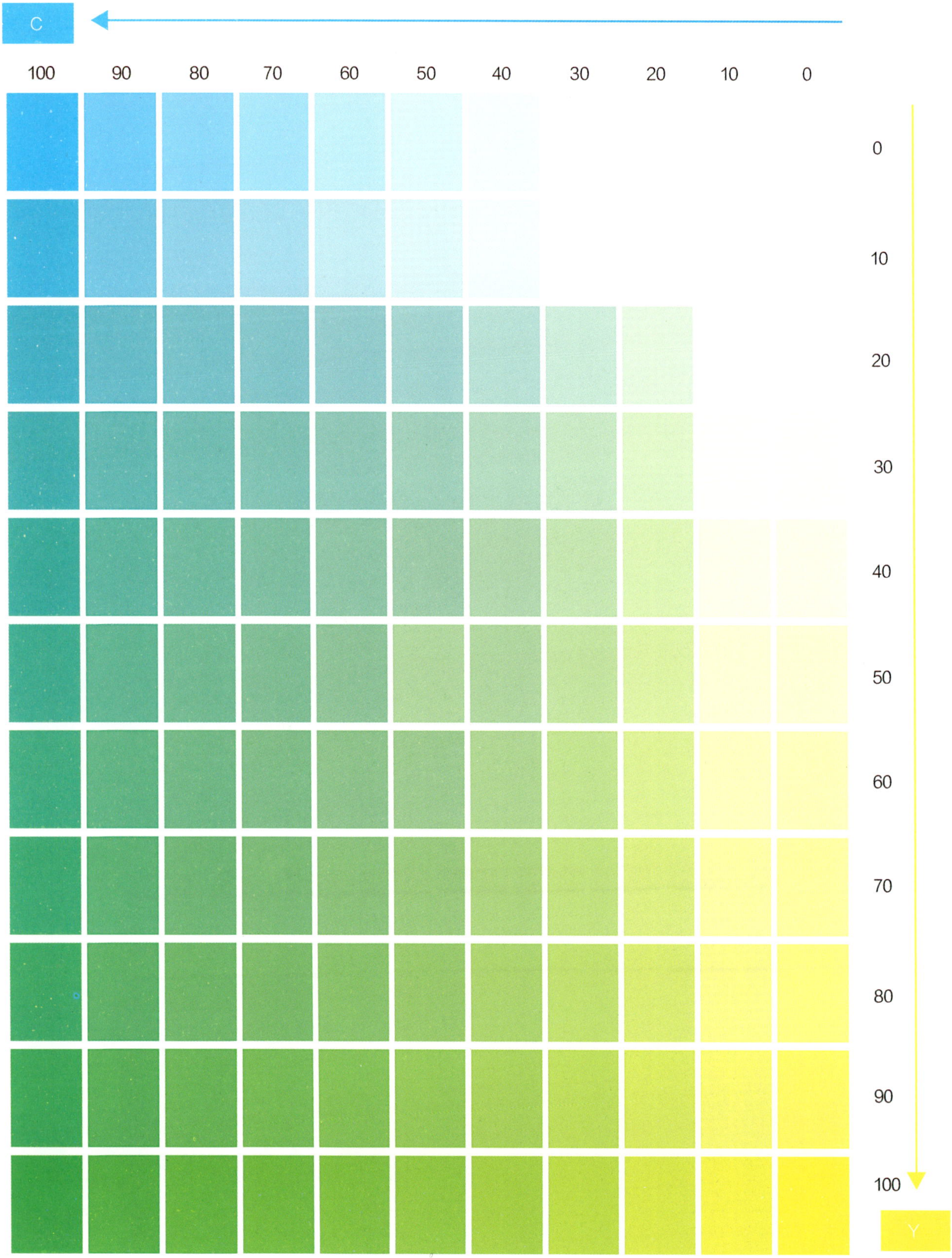
C
100
90
80
70
60
50
40
30
20
10
0
0
10
20
30
40
50
60
70
80
90
100
Y

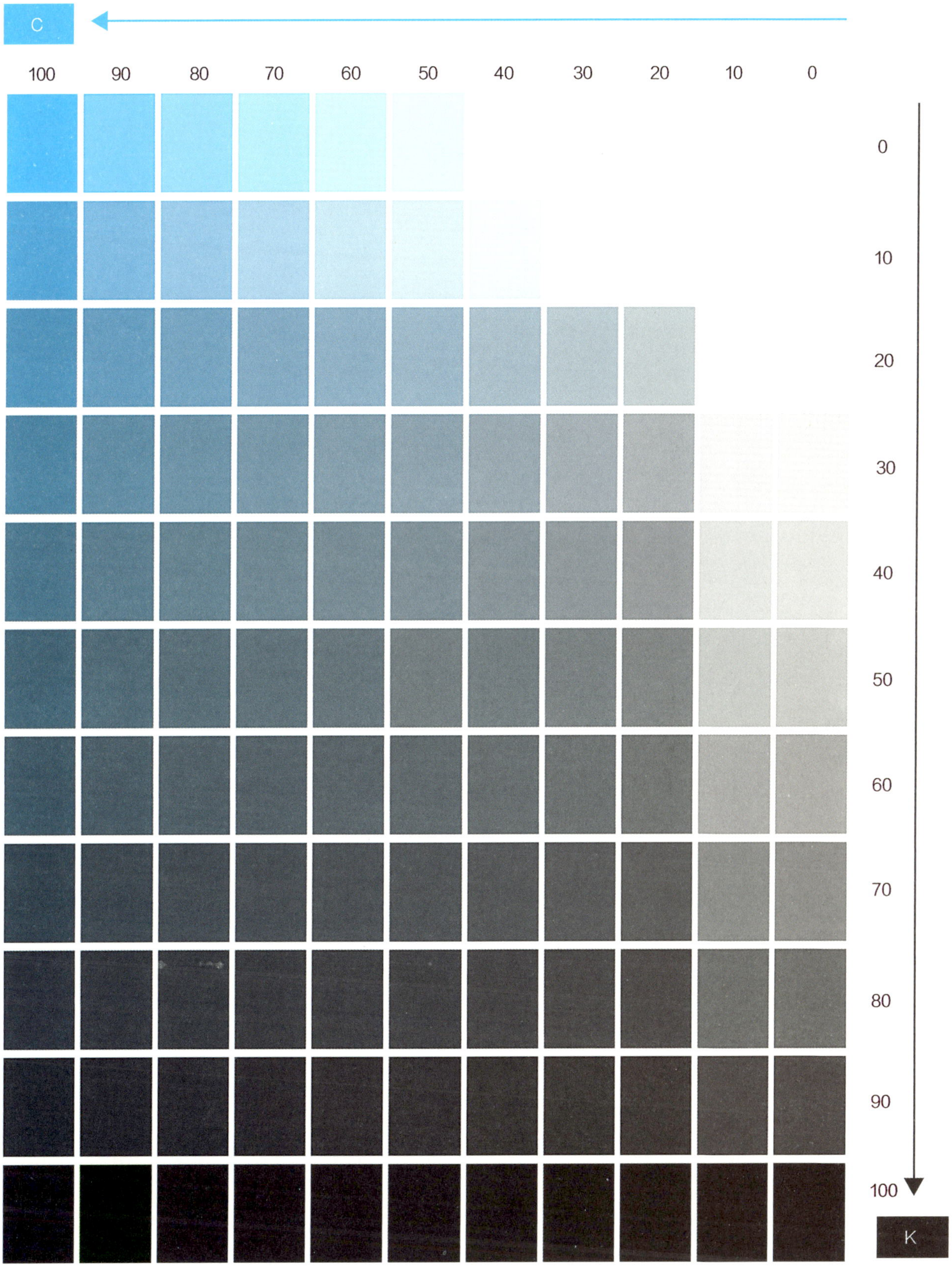
C
100
90
80
70
60
50
40
30
20
10
0
0
10
20
30
40
50
60
70
80
90
100
K

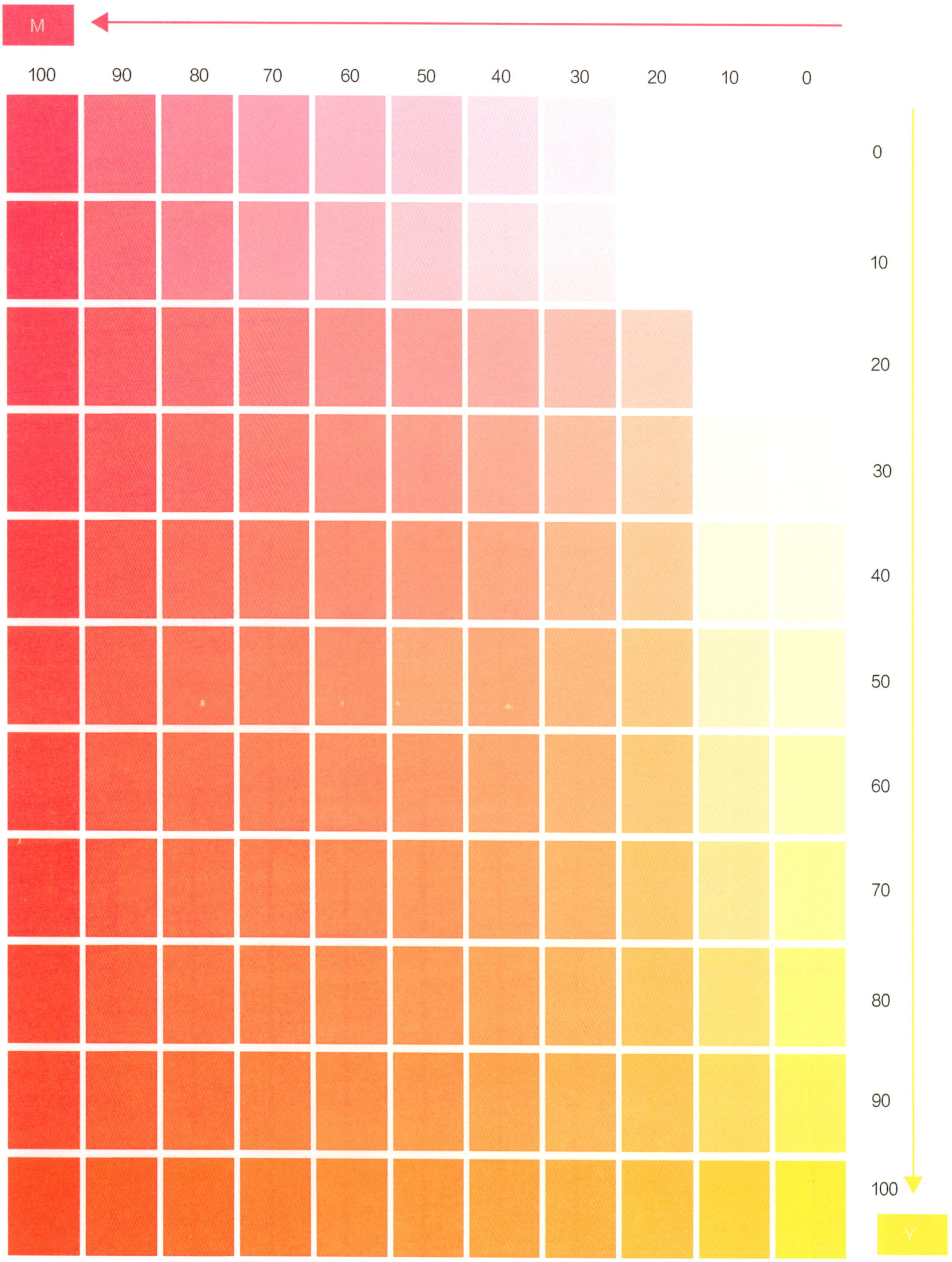
M
100
90
80
70
60
50
40
30
20
10
0
0
10
20
30
40
50
60
70
80
90
100
Y

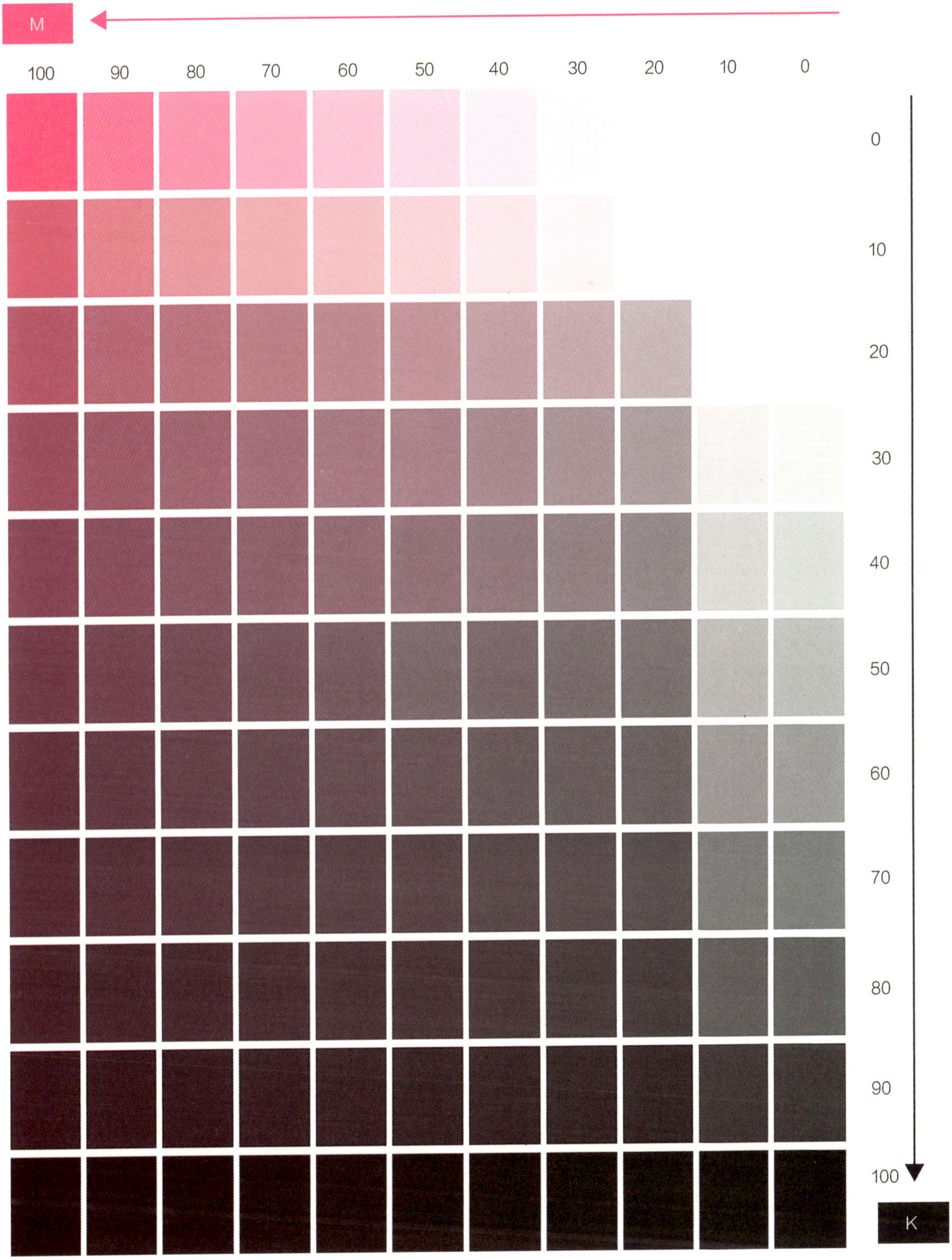
M
100
90
80
70
60
50
40
30
20
10
0
0
10
20
30
40
50
60
70
80
90
100
K

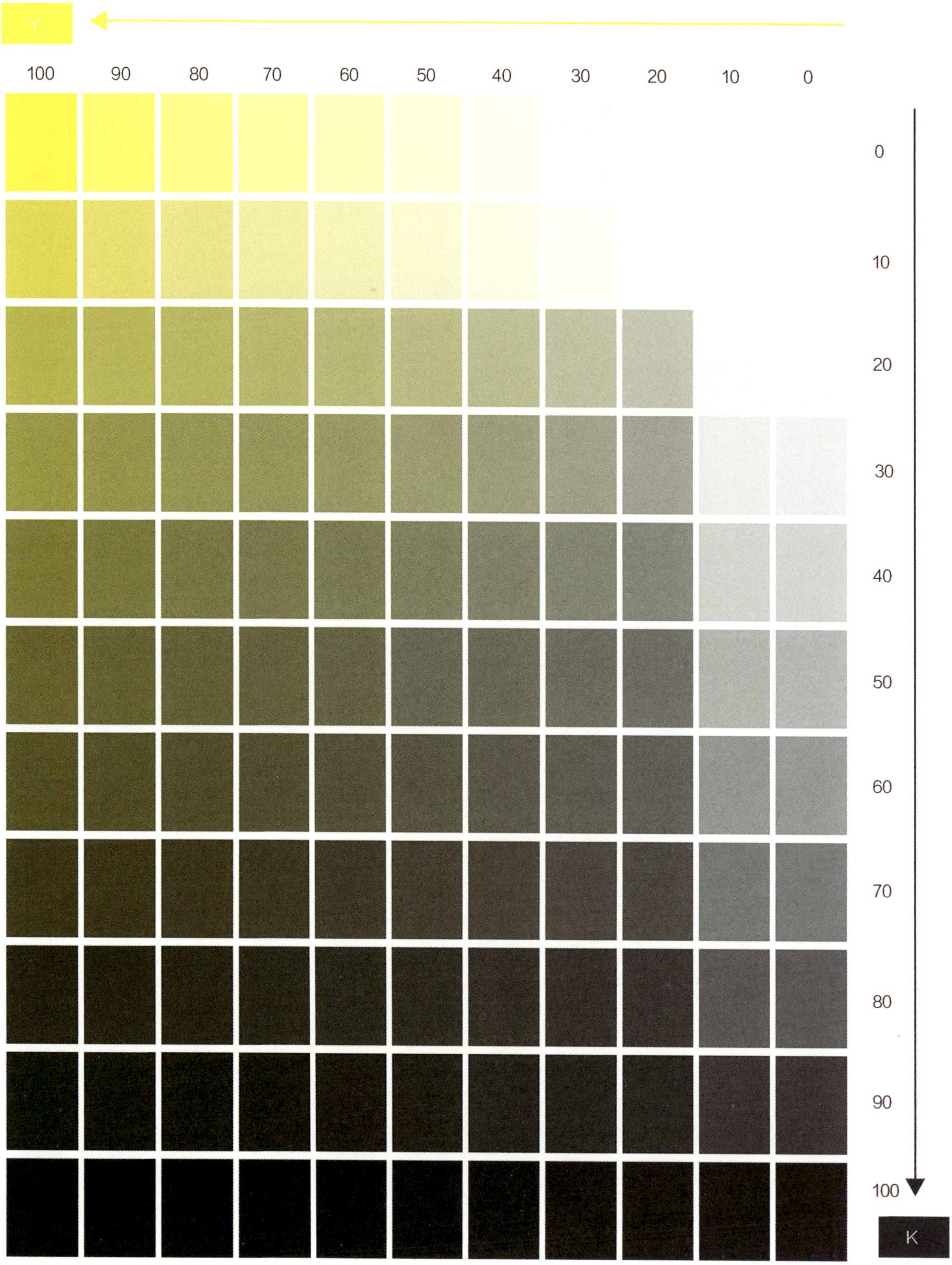
Y
100 90 80 70 60 50 40 30 20 10 0
0
10
20
30
40
50
60
70
80
90
100
K

第三节　纸张开度表

国际通用纸度：

国际标准尺寸是由国际标准化组织推荐使用的。这个标准尺寸长边和短边的比例是1：$\sqrt{2}$（1：1.414）。这种尺寸无论是对开、四开或八开其长边与短边的比例始终保持一样。

分为A、B、C三种国际纸度：

A系列：基本系列，主要用于书刊、文件、表格、业务函件、样本、宣传画等。

B系列：A系列的几何平均值，未裁切尺寸。主要用于信封、纸夹、档案袋等纸制品。

C系列：A和B系列之间的几何平均值。

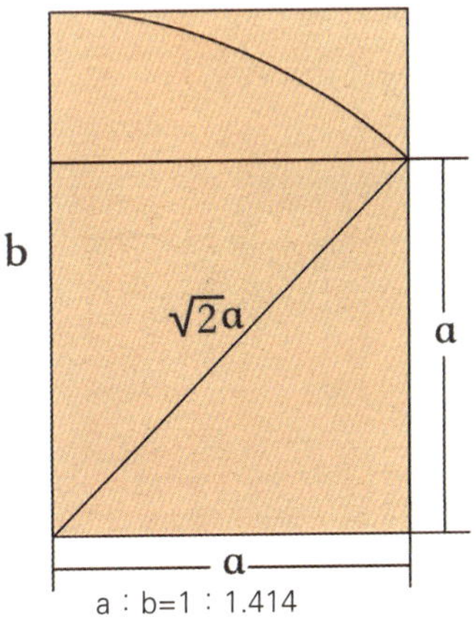

a：b=1：1.414

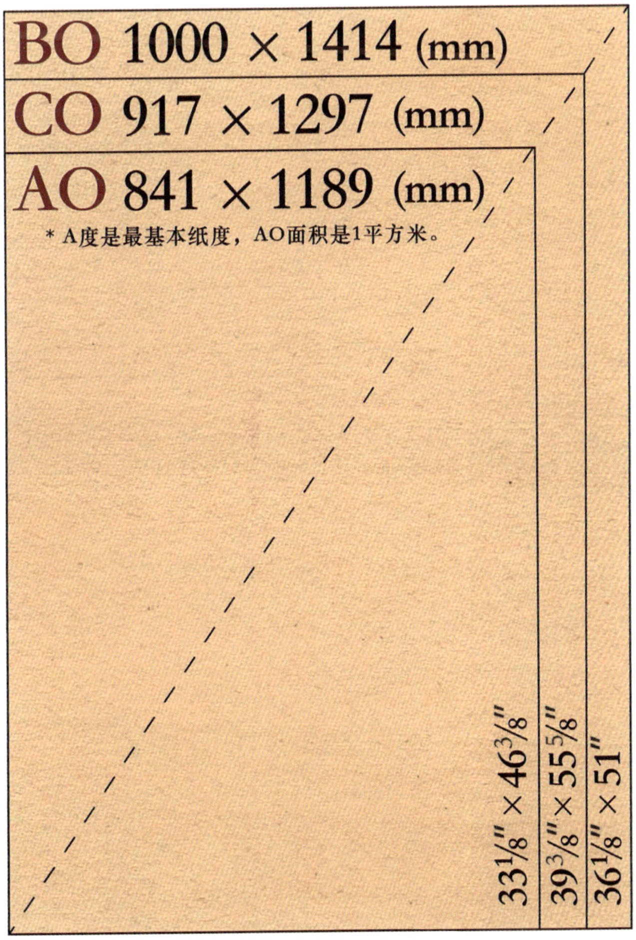

2开

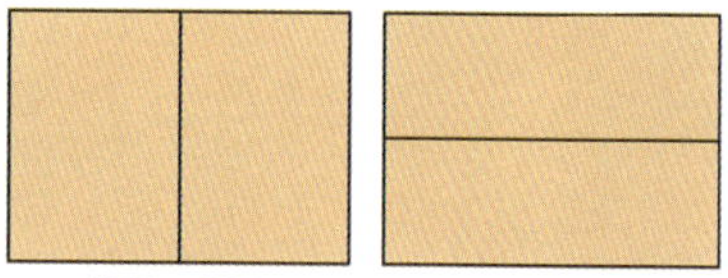

540 x 780　390 x 1000

3开

360 x 780　260 x 1080　390 x 690

4开

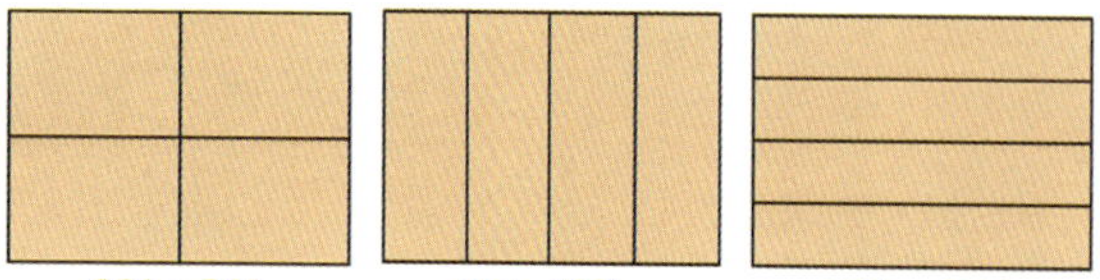

390 x 540　270 x 780　195 x 1080

8开

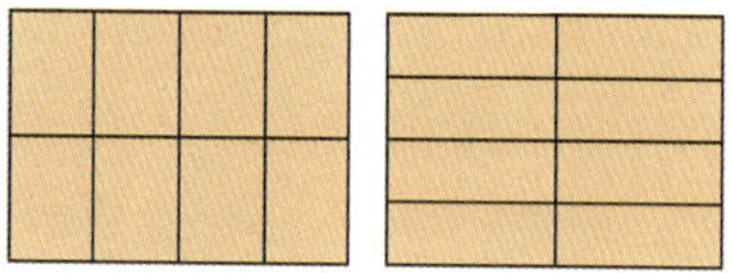

270 x 390　195 x 540

6开

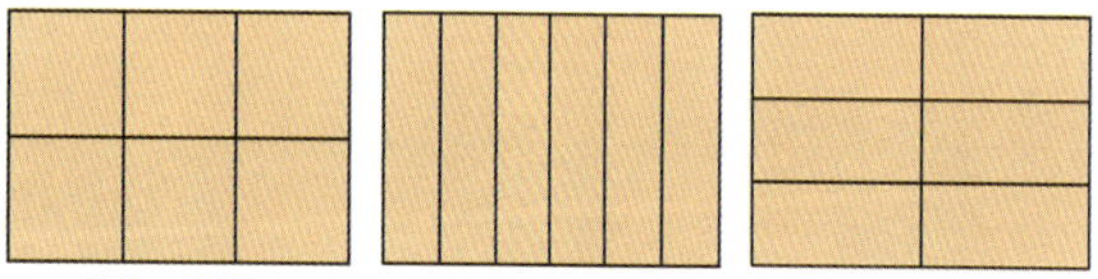

360 x 390　180 x 780　260 x 540

9开

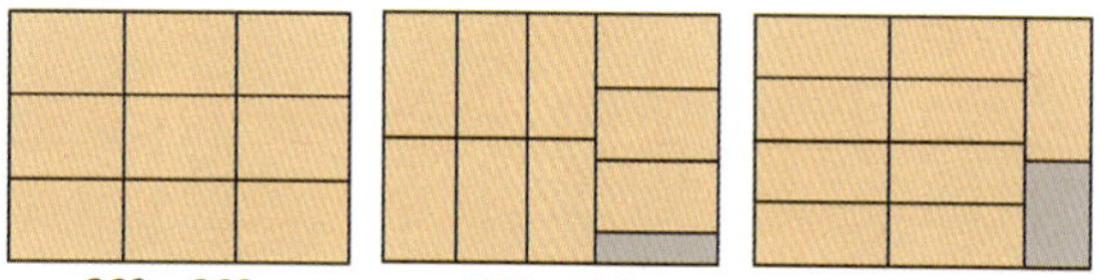

260 x 360　230 x 390　195 x 445

18开

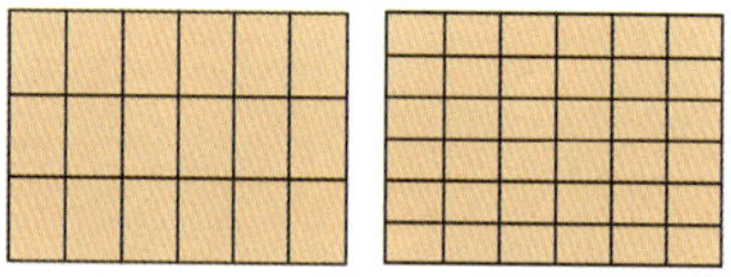

180 x 260　130 x 360

12开

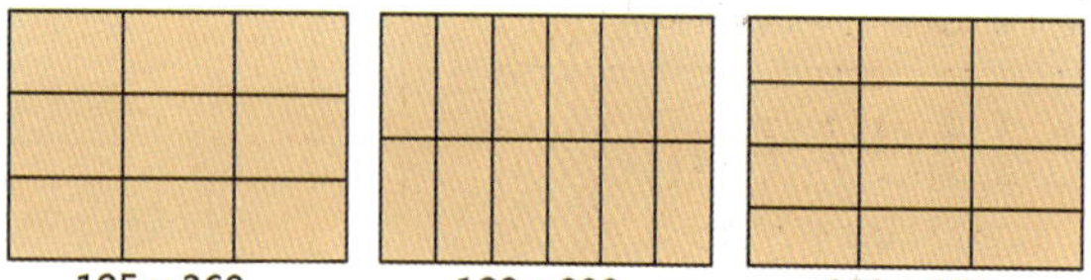

195 x 360　189 x 390　260 x 270

24开

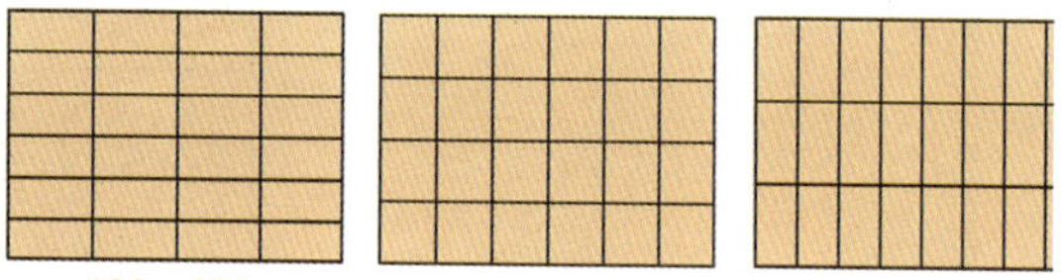

130 x 270　180 x 195　135 x 260

16开

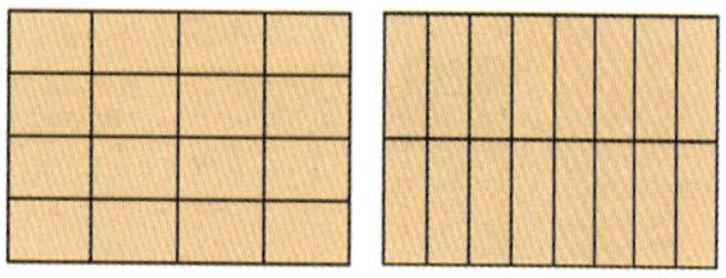

195 x 270　135 x 390

32开

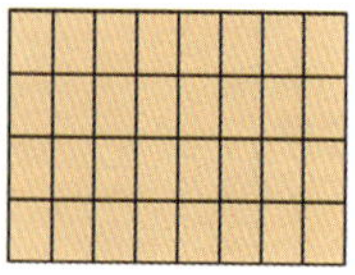

135 x 195

第四节 字号点级表

5point 印刷工艺

6point 印刷工艺

7point 印刷工艺

8point 印刷工艺

9point 印刷工艺

10point 印刷工艺

12point 印刷工艺

14point 印刷工艺

16point 印刷工艺

18point 印刷工艺

20point 印刷工艺

24point 印刷工艺

30point 印刷工艺

36point 印刷工艺

42point 印刷工艺

72point 印刷工艺

60point 印刷工艺

48point 印刷工艺

参考文献

[1] 齐晓堃主编. 印刷工艺学 [M]. 北京：中国轻工业出版社，2012.
[2] [法] 费夫贺・马尔坦著. 印刷术的诞生 [M]. 桂林：广西师范大学出版社，2006.
[3] 熊小明编著. 中国古籍版刻图志 [M]. 武汉：湖北人民出版社，2007.
[4] 王受之著. 世界平面设计史 [M]. 北京：中国青年出版社，2002.
[5] 朱伟斌编著. 印刷工艺 [M]. 杭州：浙江大学出版社，2014.
[6] 王效孟，于洋主编. 印刷流程与工艺 [M]. 北京：北京理工大学出版社，2009.
[7] [美] 珀皮・埃文斯著. 平面设计技术标准常备手册 [M]. 上海：上海人民美术出版社，2005.
[8] [英] 加文・安布罗斯，保罗・哈里斯著. 平面设计与制作 [M]. 大连：大连理工大学出版社，2009.
[9] [英] 马克・汉普希尔，基斯・斯蒂芬森著. 纸品与平面设计 [M]. 北京：中国青年出版社，2009.
[10] [美] Choi's Gallery工作室主编. 型录：全球最佳图形设计. 第14辑 [M]. 南宁：广西美术出版社，2012.
[11] [美]"唯美运动"团队主编. 创意纸品1000例 [M]. 上海：上海人民美术出版社，2014.
[12] 刘春雷，汪兰川编著. 纸品创意与设计 [M]. 北京：化学工业出版社，2014.

后记
POSTSCRIPT

从事平面设计教学和实践近二十年，对印刷工艺的重要性有深切的体会。优秀的平面设计作品，都是艺术和技术、感性和理性的完美结合，二者缺一不可。所谓灵感的出现和创意的产生可能只在瞬间，随之而来的是对视觉元素的取舍、画面位置的经营和表现形式的推敲，然后要充分考虑材质、工艺、成本等诸多因素，这些都会直接影响最终作品的呈现效果。因此，平面设计的创作是一个严谨而复杂的过程。

学生的课堂作业往往不是实际的设计项目，所以最终提交时并不需要通过印刷完成，只是打印出设计方案而已。这就导致他们在创作过程中较少考虑印刷工艺的因素，这些忽视印刷工艺的设计作品普遍存在两种缺陷：一是不符合生产规范，制作的文件如果要进入印刷环节，就必须重新调整，否则无法使用，造成人工和时间成本的浪费；二是不能充分利用印刷工艺，将其作为一种表现手段去营造独特的视觉效果，从而使作品欠缺一些审美趣味。如果学生在专业学习阶段，完成课堂作业的时候就能充分结合生产工艺条件进行设计方案的构想，而不仅仅是天马行空的“纸上谈兵”，这对培养他们职业化的思维模式和行为模式，在毕业以后能迅速适应实际的设计工作，是大有裨益的。

鉴于上述原因，尝试编写了这本教材。在编写过程中，感谢总主编林家阳教授给予的指导和建议，使内容结构能及时得到调整和完善；感谢责任编辑毛旭林老师，她的敬业、耐心和宽容是我学习的榜样；感谢我的研究生张宁、张梦若协助制作了部分插图。

因水平所限，本教材难免存在诸多不足之处，恳请专家、读者不吝批评指正。

张洪海

2018 年 2 月